KB154100

있어빌리티
교양수업

신비로운 인체

Who Knew: Human Body
Copyright © 2019 Quarto Publishing plc
First published in Great Britain in 2019 by QUID Publishing Ltd, an imprint of The Quarto
Group.
All rights reserved.

Korean translation copyright © 2020 by BOOKSETONG Co., Ltd.
This Korean edition published by arrangement with The Quarto Group through Yu Ri Jang
Literary Agency.

이 책의 한국어판 저작권은 유리장 에이전시를 통해 저작권자와 독점 계약한 북새통에 있습니다.
저작권법에 의하여 한국 내에서 보호를 받는 저작물이므로 무단전재 및 복제를 금합니다.

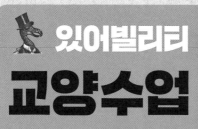

있어빌리티
교양수업
신비로운 인체

나는 알고 너는 모르는 인문 교양 아카이브

소피 콜린스 지음 | 엄성수 옮김

토트

서문

당신은 당신의 몸에 대해 얼마나 알고 있는가? 유감스럽게도 인간의 몸에 관한 사용자 설명서 같은 것은 없으므로 당신이 노련한 몸 사용자라 해도 몸과 관련해 놀랄 일이 많다. 이 책에서 당신은 차분히 한발 물러나 당신의 몸과 관련해 정말 알고 싶은 것의 리스트를 훑어보며 '신생아도 지문 채취가 가능할까?', '공포에 질리면 머리카락이 정말 하얗게 변할까?' 같은 질문에 대한 답을 찾아보자.

총 10개의 장으로 구성된 이 책에서 당신은 이제 곧 '탄생과 그 전'에서 '죽음과 그 후'에 이르는 가상 여행을 떠난다. 그 사이에는 '패션과 인체', '몸속의 사건', '예기치 못한 일들' 같은 흥미로운 주제가 포함된다. 책을 읽는 동안 당신은 온갖 종류의 정보를 습득하게 될 것이다. 그중 일부는 실생활에 활용 가능하고(두통이 있을 때는 섹스를 하는 게 좋을까, 피하는 게 좋을까?) 일부는 보다 이론적이지만(인간의 영혼은 무게가 얼마나 나갈까?) 어떤 정보든 다 흥미진진하며 때론 예상을 뛰어넘는다. 퀴즈 대회에서 좋은 점수를 받고 싶다면 특히 좋은 자료가 될 것이다.

인간의 몸과 관련해 가장 놀라운 일은 아마 인간의 몸 하나에 정말 다양한 서식 환경이 존재한다는 것이다. 우리가 사는 세상에 이를 비유하자면 다음과 같다. 인간의 장은 사람이 바글바글한 도시와 같아 습하고 활동적인 환경 속에 세균 수백만 마리가 모여 산다. 순환계는 미국 개척 시대의 서부와 같아 세균이든 바이러스든 낯선 미생물이 '보안관 세포'라는 단속 팀에 의해 체포

되어 무장해제 당한다. 뇌는 12.6와트의 미미한 전기가 흐르는 전기장과 같아 수조에 달하는 시냅스가 끊임없이 메시지를 내보내고 받으며 당신이 걸으면서 동시에 말을 할 수(심지어 생각을 할 수도) 있게 한다.

정말 흥미로운 사실은 이 책을 읽는 동안에도 더없이 복잡하고 정교한 기계인 당신의 몸은 큰 동요 없이 묵묵히 제 할 일을 하고 있다는 것이다. 당신이 깨닫지 못하는 사이에 말이다. 당신의 몸속에는 정글이 있다. 자, 이제 함께 그 속으로 탐험을 떠나 보자.

차례

인간의 분만 시간이
그렇게 긴 이유는 무엇일까?

태아의 크기는
왜 과일의 크기에 비유할까?

성인은 대개 몸집을 나타낼 때 무게로 표현한다. 그런데 태아의 성장(최초의 세포가 자궁 안에서 둘로 갈라질 때부터 10달 후 아기가 태어날 때까지)에 대해 얘기하거나 태아가 주 단위로 얼마나 커졌는지를 설명할 때는 왜 과일이나 야채에 빗대 설명하는 것일까?

참깨에서부터 수박까지

태아는 자궁안에서 몸을 잔뜩 웅크리고 있어 의학적으로 태아의 크기는 머리끝에서부터 엉덩이 돌출 부위까지의 길이를 뜻하며 이를 흔히 CRL 즉, '머리끝-엉덩이 길이'라 한다. 임신 기간 중 태아의 성장 과정을 임신 주 수 대비 CRL로 비교해보면 태아는 예측 가능한 비율로 성장한다는 걸 알 수 있다. 그러나 육아 가이드북이나 잡지 같은 분야에

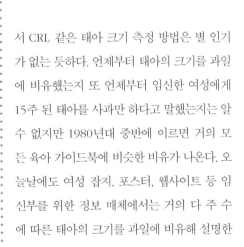

서 CRL 같은 태아 크기 측정 방법은 별 인기가 없는 듯하다. 언제부터 태아의 크기를 과일에 비유했는지 또 언제부터 임신한 여성에게 15주 된 태아를 사과만 하다고 말했는지는 알 수 없지만 1980년대 중반에 이르면 거의 모든 육아 가이드북에 비슷한 비유가 나온다. 오늘날에도 여성 잡지, 포스터, 웹사이트 등 임신부를 위한 정보 매체에서는 거의 다 주 수에 따른 태아의 크기를 과일에 비유해 설명한

다. 그런데 어떤 과일은 다른 과일에 비해 더 안정감을 준다. 예를 들어 포도나 오렌지는 임신한 여성에게 편안한 느낌을 주지만 껍질이 뾰족뾰족한 파인애플이나 껍질이 단단한 코코넛은 막연한 불안감을 느끼게 한다. 금귤 또는 루타바가 같은 야채는 어떨까? 크기는 고사하고 대체 어떻게 생긴 건지는 아는가? 임신 40주쯤 되면 더 이상 여성은 아기가 '중간 크기' 정도의 호박이나 수박만 하다 해도 아마 그리 흥분하지 않는다.

편안함을 주는 과일의 곡선

어쨌든 태아의 크기를 과일에 비유하는 관습은 여전하다. 대체로 과일은 건강에 좋고 모양도 예뻐서 호감을 주기 때문이다. 물론 하루빨리 엄마가 되고 싶은 여성이라도 수박을 분만한다고 생각하면 부담스러울 수 있다. 그러나 각 성장 단계에서 태아의 크기를 비유할 만한 다른 것(이를테면 스마트폰이나 햄버거 등)을 찾고 싶어도 아직 과일만큼 안정감을 주는 것을 찾지 못했다!

과일은 뇌에도 좋은가?

과일은 보기만 좋은 게 아니라 먹었을 때 좋은 점도 많다. 2016년 캐나다 앨버타대학교에서 실시한 광범위한 연구에 따르면 임신부가 과일을 많이 섭취하면 태아의 지적 능력이 높아지는 긍정적인 효과가 있다고 한다. 즉, 과일을 전혀 안 먹거나 아주 조금 먹은 임신부에 비해 하루에 과일을 6인분 정도 섭취한 임신부의 경우, 나중에 아이가 IQ 테스트에서 6~7점 더 높게 나온다는 것이다.

아기는 몸집이 작지만 성인보다 훨씬 많은, 무려 300개의 뼈를 갖고 있다. 뼈의 수는 아기가 자라면서 점점 줄어들어 성인이 되면 상대적으로 적은 206개의 뼈를 갖게 된다. 그렇다면 사라진 뼈는 대체 어디로 간 것일까?

뼈 vs 연골

인간의 분만 과정은 흔히 콧구멍으로 자몽을 밀어 넣는 일과 비슷하다고 한다. 더욱이 인간의 분만 시간은 포유류 중에서 가장 길다. 엄마가 산도birth canal(아기가 나오는 길)를 통해 아기를 밀어내려면 아기는 몸이 아주 유연해야 한다. 그래서 아기의 뼈 300개 중 상당수는 딱딱한 뼈가 아니라 보다 부드럽고 신축성 있는 연골로 되어 있다. 성인이 되면서 그 연골은 긴뼈의 끝에 남아 관절은 물론 늑골이나 귀, 코 등의 안에서 완충제 작용을 하거나

몇 안 되는 보다 큰 뼛조각 안으로 상당 부분이 녹아 들어간다.

연골 뼈되기의 신비

부드러운 연골이 딱딱한 뼈로 굳어가는 것을 전문용어로 '연골 뼈되기'라 한다. 골아세포라 불리는 세포가 뼈를 만들며 연골을 안쪽부터 바깥쪽까지 서서히 대체한다. 아기의 연골 '골격'은 이후 뼈가 자라나는 틀 역할을 하지만 그 자체가 뼈가 되지는 않는다.

연골 뼈되기 과정에 필요한 골아세포의 핵심 요소는 칼슘과 비타민 D이며 비타민 D는 칼슘 흡수에 도움을 준다. 임신한 여성과 모유 수유 중인 여성에게 칼슘 섭취를 그렇게 강조하는 것도 다 이 때문이다. 분만 후에는 칼슘이 엄마 젖을 통해 아기에게 전해지는데 성인과 달리 아기와 어린이는 칼슘을 '저축'한다.

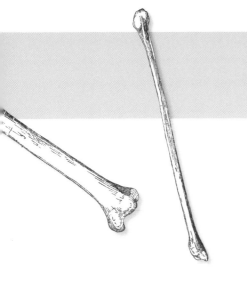

유연한 아기의 머리

아기 머리 꼭대기의 부드러운 부위 즉, 앞숫구멍 주변을 만져보면 뼈가 부드럽다는 느낌을 받는다. 이는 아기의 두개골을 이루는 6장의 판이 서로 겹쳐진 채 아직 완전히 결합되지 못했다는 걸 보여준다. 아기 두개골 뒤쪽에는 또 다른 부드러운 부위인 뒷숫구멍이 있다. 앞숫구멍과 뒷숫구멍은 3세쯤 되면 닫히지만 두개골의 뼈 판은 '봉합suture'이라는 유연한 조직에 의해 결합되어 있을 뿐, 아이가 7세쯤 되어 뇌가 다 자라기 전까지는 하나의 구조물로 완전히 합쳐지지 않는다.

얼마나 오래 걸릴까?

아기의 몸은 한동안 유연한 상태를 유지한다. 기어 다닐 때부터 걷기 시작할 때까지 아기의 탄력성에 감탄한 적이 있을 것이다. 아기는 허구한 날 넘어지는데도 잘 다치지 않는데 바로 이 유연성 때문이다. 단단한 뼈 골격은 하루아침에 형성되는 게 아니며 뼈의 성장 과정 또한 아주 길어서 20대 초반까지도 계속된다. 게다가 뼈는 손상을 입어도 자라면서 스스로 치유한다. 사람의 골격 자체는 계속 유지되지만 매년 전체의 5퍼센트 이상은 새로운 뼈로 대체된다.

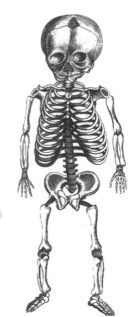

신생아도 지문 채취가 가능할까?

대부분의 신생아가 저지를 수 있는 범죄라 해봐야 부모의 잠을 뺏는 것밖에 없겠지만 지문이 필요한 경우 신생아도 지문을 찍을 수 있을까? 신생아도 성인처럼 유일무이한 자신만의 지문을 갖고 있을까?

고유한 지문 패턴

간단히 답하자면 그렇다. 신생아의 지문은 자궁 안에서부터 생기며 태아가 6개월 정도 되면 완전히 형성된다. 지문이 형성되기 시작하는 것은 태아가 2~3개월 됐을 때이며 이 무렵 손가락이 발달한다. 3개월이 지나갈 무렵이면 손가락 끝이 평평해져 그곳에서 지문이 자란다. 2개월 무렵 태아의 피부는 두 층으로 안쪽은 기저층이고 바깥쪽은 포피층이다. 2~3개월 무렵부터는 세 번째 층의 피부가 형성되는데 나중에 모낭이 발달되는 곳이다. 그런데 이 세 번째 층의 피부는 서로 다른 속도로 자라서 주름이 생기며 마침내 각 피부 층 간의 격차와 자궁안에서 태아가 주변 벽을 만지는 압력으로 인해 지문이 생긴다. 그리고 태아의 자궁 내 환경은 모두 다르기 때문에 지문 또한 전부 다르다. 전

문가들이 태아와 성인의 지문을 비교해본 결과, 태아의 지문 패턴, 그러니까 소용돌이와 아치와 고리 같은 패턴이 아주 얇고 희미하긴 하지만 나중에 성인이 됐을 때 나타날 형태를 이미 그대로 보인다고 한다.

10개의 작은 손가락과 발가락

텔레비전이나 영화를 보면 경찰 조서를 만들때는 보통 손가락 끝에 잉크를 묻힌 뒤 종이에 대고 하나하나 지문을 찍는데, 아기의 지문을 찍는 방식은 이와 다르다. 어린 아기의 지문은 너무 약하고 미세해 잉크와 종이를 사용하는 기존 방식으로는 얻을 수 없다. 특별히

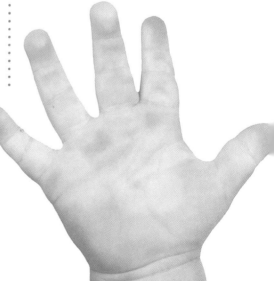

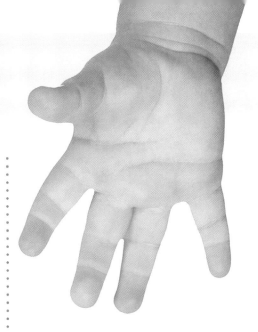

제작된 고해상도의 스캐너가 있어야 하며 신뢰할 만큼 선명한 영상을 얻으려면 추가적인 이미지 향상 작업도 필요하다. (참고로 영상을 얻기는 훨씬 더 어렵지만 아기의 발가락 무늬도 손가락 지문만큼이나 독특하다.)

그런데 대체 어떤 경우에 어린 아기의 지문이 필요할까? 미국에서는 그동안 아기의 지문에 대한 생체 인식 데이터베이스를 얼마나 쉽게 얻을 수 있는지를 알아보기 위해 실험을 했다. 데이터베이스가 완벽하게 구축된다면 아기가 뒤바뀌는 문제(드물지만 그런 일이 종종 있다)를 쉽게 해결할 수 있으며, DNA 테스트(비교적 시간이 오래 걸리고 비용도 많이 든다)의 필요성도 많이 사라지게 된다.

아기의 지문, 믿어도 됩니까?

현재로써는 아주 섬세하고 뛰어난 스캐너를 사용한다 해도 그 결과를 100퍼센트 신뢰할 수 없다. 그러나 인도 아그라 지역에서 실시된 많은 아기들에 대한 한 조사에 따르면, 생후 6개월이 지난 아기의 경우 지문을 만들고 추적하는 게 비교적 쉽고 정확도도 99퍼센트가 넘는다. 하지만 1개월 미만인 신생아의 경우는

정확도가 50퍼센트를 겨우 넘는다고 한다. 현재, 지문보다 눈의 홍채를 스캔하는 방식이 더 쉽고 신뢰도가 높다고 결론이 났다.

아기를 낳기 가장 안전한 나라는 어디일까?

2018년에 보고된 유니세프 즉, 유엔아동기금의 통계에 따르면 2016년 195개 국가의 출생 상황을 검토한 결과 아기를 낳기 가장 안전한 나라는 일본이었고 아이슬란드와 싱가포르가 근소한 차이로 그 뒤를 따랐다.

최상위 10개국, 최하위 10개국

지난 20년간 세상은 5세 미만의 아이들에게 좀 더 안전한 곳으로 변했으나 신생아나 산모에게는 그렇지 못했다. 일본의 경우 아기가 태어나 한 달 이내에 죽을 가능성이 1,000명당 한 명도 안 되지만, 최하위 국가인 파키스탄의 경우 22명당 한 명이나 된다. 유니세프 통계에서 최하위에 속하는 나라는 대체로 가난하며 교육이나 의료 같은 사회 인프라가 아주 빈약하고 전쟁을 겪고 있거나 정치적으로 불안정한 경우가 많다. 아프가니스탄, 소말리아, 중앙아프리카공화국 같은 나라가 최하위 국가 가운데 파키스탄 바로 위다. 그러나 소득이 높은 국가 중에서도 영국이나 미국은 그리 자랑할 상황이 못 된다. 유니세프에 따르면 영국은 이 통계에서 30위밖에 안 되며 미국의 경우 신생아 3,800명 중 한 명이 출산 중에 죽는다. 왜 그럴까? 아기를 낳기 좋은 나라는 대체로 출산과 관련된 사회 인프라나 의료보험 체계가 잘되어 있고 인구당 전문 의료인 수가 많다. 게다가 출산과 관련된 GDP 대비 투자는 이 통계 순위에 생각보다 큰 영향을 주지 못하는 듯하다. 일본은 GDP의 11퍼센트를 투자하는 데 반해, 미국은 16.6퍼센트나 투자하

고 있으며 영국은 10퍼센트 조금 안 되게 투
자하고 있다. 심지어 어떤 경우에는 아주 전
문적인 의료 기술이 이 통계에 긍정적인 효과
보다는 부정적인 영향을 더 많이 주는 걸로
나타나고 있다.

출산과 관련된 사회적 통념

사람들이 출산과 관련해 흔히 하는 조언은 각
나라의 문화에 따라 조금씩 다르다. 일본의
경우 임신부에게는 흔히 배와 발목을 따뜻하
게 하라고 한다. 아기가 감기에 걸리지 않게
하라는 뜻이다. 한편 인도 남부
의 여성에게는 출산 후 체중을
최대한 빨리 출산 전 체중으로
줄이라고 한다. 임신으로 인
한 체내 독소를 다 빼라는
뜻이다. 그래서 출산 후에
도 살이 찐 여성은 나
이 든 여성에게 혼
나기도 한다.

영광의 배지

일본은 아기를 낳기 가장 안전한 국가일 뿐 아니
라 임신부와 새로 엄마가 된 여성에게 여러 가지
혜택도 준다. 임신한 여성에게는 첫 번째 검진 때
특별한 배지가 주어져 다른 사람들은 줄을 설 때
도 배지를 단 여성에게는 앞자리를 양보하고 지
하철 좌석도 양보해야 한다. 출산 후에도 갓난아
이의 부모에게는 42만 엔(약 480만 원) 정도의
돈이 일시불로 지불된다. 조금 덜 부러운 면을 살
펴보자면 일본에서는 출산 시 통증 완화 조치가
널리 사용되지 않으며 많은 병원에서 경막외 마
취제를 아예 사용하지 않는다. 또한 임신으로 인
한 체중 증가는 아주 면밀히 체크되어 가급적 10
킬로그램 이상 늘지 않게 한다. 또한 출산 후 산
모는 대개 아기와 함께 최소 5일간 병원에서 산
후조리를 하게 되며 제왕절개 수술을 받은 경우
그 기간은 더 늘어난다.

태아도 뭔가를 삼킬 수 있을까?

아기는 자궁안에 있을 때조차 늘 분주히 움직이며 꽤 여러 가지 방법으로 자신의 존재를 알린다. 태아는 발길질도 하고 공중제비도 돌고 재채기도 하고 울기도 하며 엄지손가락을 빨기도 한다. 그 외에 무얼 할 수 있을까? 삼킬 수도 있을까?

비위 약한 사람은 시청 금지

태아가 11주쯤 되면 배아 상태의 '입'은 볼인두막이라는 세포막으로 덮이게 된다. 그러니까 이 시기의 태아 입장에서 입은 없는 것이나 다름없다. 그러나 12주쯤 되면 세포막이 서서히 터지면서 태아의 삼킴 반사 반응이 시작된다.

태아는 이미 소변을 볼 수 있으며 신장은 8주쯤 되면 제 기능을 발휘하기 시작하고 16주쯤 되면 제대로 발달한다. 그러나 이 모든 것은 양막낭과 그 속의 양수에만 국한되기 때문에 태아가 일단 삼키고 배설할 수 있게 되면 입으로 삼키는 거의 모든 게 곧 태아의 소변으로 변한다.

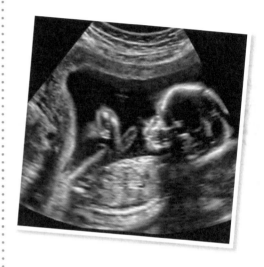

양수가 태아의 소변이라고?

임신 초기의 양수는 물과 약간의 소금으로 이루어진다. 그러나 시간이 지나면서 태아가 성장해 좀 더 잘 삼키고 잘 배설하게 되면 양수는 점점 더 오줌으로 변한다.

임신 기간 내내 의사들은 정기적으로 양막낭 안의 양수 수치를 체크해 그 수치가 떨어지지 않게 한다. 그리고 일단 태아가 입으로 삼키는 걸 확인하면 삼킨 게 잘 제거된다는 것도 확인해야 한다. 신장은 아기가 태어날 때쯤이면 완전히 제 기능을 해야 하는데 삼킨 게 잘 제거된다는 건 신장이 이미 효율적으로 움직이고 있다는 증거다. 그리고 자라나는 태아가 헤엄쳐 다니는 액체는 엄밀히 말하자면 오줌이지만 성인이나 심지어 아이들의 오줌과는 아주 다르다. 농도가 오줌보다는 훨씬 낮고 시큼한 암모니아 냄새를 만드는 요소도 없다.

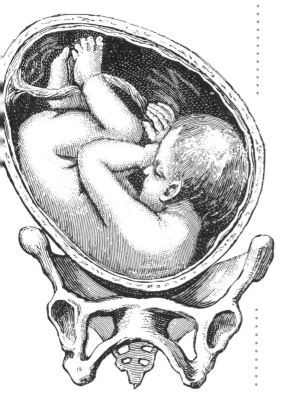

태변

불행 중 다행이라고 할까, 아기는 일반적으로 출산 전에는 장을 움직이지 않는다. 태어난 아기가 처음 장을 움직여 제거하는 것은 소변으로 제거되지 않는 죽은 세포, 털, 끈적한 점액 같은 것이 장 속에 쌓여서 생긴 당밀 같이 진득한 태변이다. 만일 아기가 자궁 속에서 고체를 배출한다면(이런 일은 임신부의 약 13%에서 발생한다) 태아의 건강에 즉각적인 위협이 된다. 만일 태변 같은 걸 삼킨다면 아기의 기도나 장이 막힐 수 있기 때문이다. 그러나 대개의 경우 태변은 아기가 태어난 직후 기저귀를 갈 때 지저분하고 끈적거리는 물체로(거의 냄새가 없어 악취를 풍기지는 않는다) 그 모습을 드러낸다.

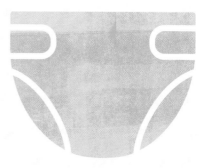

인간의 분만 시간이
그렇게 긴 이유는 무엇일까?

인간은 호모사피엔스 이래로 분만을 하는 데 더없이 힘든 시간을 보내왔다. 아기의 머리는 아주 큰데 엄마의 골반은 좁은 것이 그 이유로 꼽힌다.

머리가 너무 큰 인간

인간의 유인원 친척은 거의 다 짧고 쭉 뻗은 파이프 모양의 산도를 통해 새끼를 비교적 쉽게 낳는 데 반해, 인간은 직립보행의 결과로 산도의 각도가 비스듬해지면서 아이를 낳기 더 힘들어졌다. 게다가 인간은 대부분의 다른 포유동물에 비해 분만 시간이 더 길다. 다른 영장류의 분만 시간은 약 2시간인데 반

해 인간의 분만 시간은 평균 10시간에서 20시간에 이른다. 인간의 경우 머리가 커 엄마가 아기를 밀어내려면 자궁 경부가 넓게 팽창되어야 하기 때문이다.

분만을 영어로 labor 즉, '노동'이라고 하는데는 다 그만한 이유가 있다. 그만큼 힘들기 때문이다. 몇몇 다른 포유동물의 분만 과정을 잠시 들여다보면 확실히 인간의 분만 과정만큼 힘들지는 않다. 대부분의 포유동물은 새끼를 낳을 때 불편한 기색을 보이며 많은 포유동물이 통증의 증상을 나타낸다. 하지만 어떤 포유동물은 비교적 쉽게 새끼를 낳는다. 암퇘지의 경우 10여 마리의 새끼를 낳기도 하는데 각 새끼의 몸무게가 암퇘지 몸무게의 500분의 1밖에 안 돼 그냥 암퇘지 몸에서 술술 나온다고 해도 과언이 아니다. 고래목 동물은 자연스런 수중 분만의 덕을 본다. 물이 엄마 고래의 몸무게를 받쳐주어 힘겨운 분만 과정에 도움을 주는 것이다.

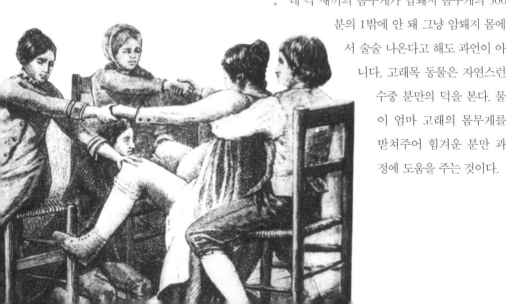

최악의 출산 시나리오

한 포유동물은 모든 종을 통틀어 아마 가장 분만의 고통을 크게 느끼는 종일 것이다. 질을 통한 분만 과정에서 가장 힘든 포유동물은 점박이하이에나로, 특이하게도 암수와 관계없이 모든 새끼가 자궁 안에 있을 때 아주 높은 수치의 남성호르몬에 노출된다. 그 결과 암컷과 수컷의 생식기가 모두 수컷의 생식기와 흡사하다. 그런데 암컷의 생식기는 생긴 건 수컷의 생식기 같지만 실은 튜브처럼 가늘고 긴 음핵으로 암컷은 그걸 통해 새끼를 낳아야 한다. 그것은 아주 고통스런 과정이어서 처음 새끼를 낳는 암컷은 보통 엄청난 어려움을 겪는다. 게다가 새끼는 남성호르몬인 테스토스테론 수치가 워낙 높아 태어나자마자 서로 물고 뜯으며 싸우는 경우가 많다.

'출산의 딜레마'에 도전하다

인간 아기의 머리는 너무 커져 골반을 빠져나오지 못할 정도가 되기 직전까지 자라며 골반은 엄마가 보행을 효율적으로 할 수 있는 정도까지 좁아져 더 이상 넓게 진화하지 못한다고 믿었다. '출산의 딜레마Obstetric Dilemma'라 알려진 이런 주장은 오랜 세월 널리 통용됐으나 2012년 한 연구로 인해 새로운 이론이 쏟아져 나오게 된다. 로드아일랜드대학교의 인류학자 홀리 던스워드 Holly Dunsworth가 여성은 보행의 효율성을 그대로 유지하면서도 쉽고 더 넓게 골반을 발달시킬 수도 있었다는 주장을 내놓았다. 그러니까 인간 엄마는 자궁 속에서 아기가 필요한 영양소를 더 이상 충족시켜 줄 수 없는 상태에 이르면 분만을 한다는 것이다. 아기에게 필요한 것을 엄마의 몸 밖에서 먹이는 게 더 쉽기 때문이라는 것이다.

인간의 난자는
얼마나 클까?

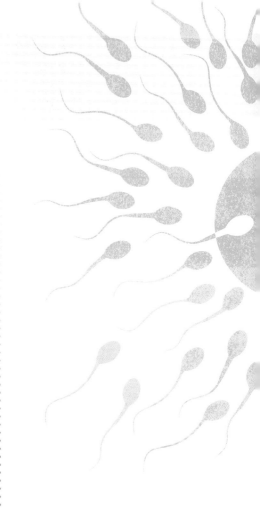

인간의 난자는 몸 안의 다른 세포에 비해 엄청나게 크다. 물론 이는 세포 차원에서의 얘기다. 모든 것은 주관적이다. 아주 유심히 보아야 육안으로 보일 정도이므로 직경 1밀리미터의 약 10분의 1 정도 크기인 난자는 그리 커 보이지 않을 수 있다. 그러나 세포 차원에서 보면 난자는 가히 괴물 크기로, 예를 들어 인간 정자의 16배, 평균적인 혈구보다 4배나 크다.

영양분이 없는 난자

난자는 대체 왜 그리 커야 할까? 모든 정자 안에는 난자의 세포핵 속에 들어 있는 만큼의 염색체가 들어 있으며 염색체는 많은 공간을 차지하지 않는다. 그리고 예를 들어 달걀의 경우에는 병아리가 성장 과정에서 섭취할 노른자가 많은 공간을 차지하지만 인간 난자의 경우에는 그 안에 영양분이 가득 들어 있을 필요가 없다. 수정란이 자궁벽에 착상될 때까지 며칠만 견딜 수 있게 해주면 그 후에는 엄마가 언제든 필요한 영양분을 공급해준다. 그렇다면 난자 안에는 다른 어떤 것이 들어 있는 것일까?

모든 것의 시작

일단 난자가 정자에 의해 수정이 되면 여전히 단세포지만 그 속에 두 독립체가 연결되어 있는 접합체가 된다. 궁극적으로 새로운 한 인간이 될 최초의 세포인 셈이다. 난자의 정확한 내용물을 분석하려면 더 많은 연구가 필요하지만 과학자들은 이미 많은 걸 알아냈으며 그

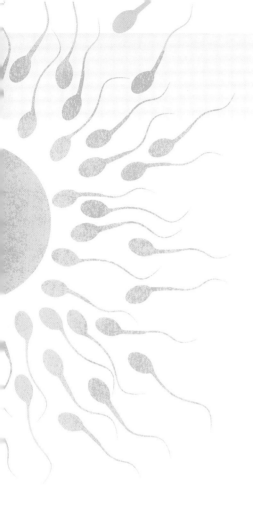

한다. 그러니까 RNA는 난자와 정자의 세포핵을 결합시키고 수정이 된 후에는 세포분열의 초기 단계에 도움을 주며 세포에 메시지를 보내고 각 세포가 장차 새로운 태아 안에서 어떤 역할을 할 것인지를 지시한다.

지식은 주로 난자가 접합체로 바뀐 뒤 일어나는 일에 대한 것이다. 과학자들은 난자 속에 리보핵산RNA과 미토콘드리아(원료를 화학에너지로 바꾸는 능력이 있어 흔히 세포의 '동력실'로 불린다)가 많이 들어 있다는 것을 안다. 미토콘드리아는 기존의 산소와 영양분을 이용해 수정란이 필요한 에너지를 만드는 데 도움을 주며, RNA는 난자의 초기 과정에서 감독관 같은 역할을

평생 만들어지는 난자

아마 여자 아기의 경우 훗날 자신이 만들어낼 모든 난자를 가지고 태어난다는 말을 들어본 적이 있을 것이다. 이 말은 과학자들이 최근 여성의 난소 안에서 예전에 알려진 바 없던 새로운 줄기세포를 발견하면서 재조명되고 있다. 그 줄기세포 덕에 여성은 실제 가임기 내내 언제든 새로운 난자를 만들어내는 게 가능하기 때문이다. 이는 남성이 사정하는 정액 속에 평균 10억 개 이상의 정자가 들어 있고 생식능력이 있는 남성이 매일 3억 개 이상의 정자를 만들어낸다는 사실을 감안하면 어느 정도 형평이 맞는 일이라 할 수 있다.

임신을 하면 정말 발이 더 커질까?

어쩌면 그리 놀라운 일이 아닐 수도 있다. 어쨌든 임신 과정을 거치면서 인체의 여러 부위가 커지니 말이다. 그런데 일시적으로 부어오른 발과 영구적으로 더 커진 듯한 발은 어떤 차이가 있을까?

느긋한 호르몬 릴랙신

대체적으로 인간이 성장하는 것은 릴랙신이란 호르몬 덕이다. 릴랙신은 분만을 앞두고 근육과 인대를 풀어주고 자궁경부를 부드럽게 만들며 골반 유연성을 높여준다. 릴랙신 수치가 높아지면 비非골반 관절에도 영향을 준다. 인간의 발은 26개의 뼈와 33개의 관절로 되어 있고 각 관절 안에 많은 인대가 있어 몸에서 가장 늘어나기 좋은 부위다. 그러나 임신 기간 중에 자연스런 수분 정체로 발과 발목이 부을 수도 있어 릴랙신의 영향인지 아닌지를

알아내는 건 어려울 수도 있다. 평균 이상의 체중 증가 역시 발이 더 커지는 데 일조할 수 있다. 늘어난 하중에 균형을 맞춰야 해 발이 넓어질 수 있는 것이다. 아기 엄마는 대개 출산 후 몇 개월간 발이 커졌는지 어땠는지 전혀 몰라 발 크기를 재보고서야 발이 커진 것을 아는 경우가 많다.

임신할 때마다 발이 커진다면

발이 커진다고 해도 기껏해야 한 치수 정도 커지며 오목하게 들어간 발바닥 아치가 조금 평평해지기도 한다. 연구 결과 확실한 건 아니나 발이 커지는 현상은 여성 4명 중에 한 명꼴로, 대개 첫 임신 때만 나타난다. 따라서 많은 아이를 낳을 계획이거나 한 번 임신을 해 이미 발이 한 치수 커진 여성은 안심해도 좋다.

태어난 달이 학교 성적에 영향을 준다고?

월요일에 태어난 아이는 얼굴이 잘생겼고 섬세하다고 한다. 그런데 태어난 요일이 아닌 달을 알면 그 아이의 학교 성적을 알 수 있다는 말도 사실일까? 사실이라면 왜 그럴까?

여름 아기, 겨울 아기

영미 지역에서 학기는 가을에 시작되며 8월에 태어난 아이는 가까스로 가을 학기에 입학하여 그 해 입학한 아이들 중 가장 어린아이가 된다. 반면에 9월에 태어난 아이는 그다음 해까지 기다려야 해 자기 반에서 가장 나이 많은 아이가 되며 이론상 모든 학교교육에 적응하는 데 보다 유리하다.

가을이나 초겨울에 태어난 아이는 육체적으로 정신적으로 더 성숙하다는 얘기도 있다. 엄마가 봄이나 여름에 임신을 해 더 좋은 날씨에 더 많은 햇빛 그리고 적어도 더 신선하고 더 영양가 많은 음식을 접하기 때문이라는 것이다.

태어나자마자 유리한 출발선에

이 모든 얘기가 과학적인 근거가 있는 걸까? 그렇기도 하고 그렇지 않기도 하다. 교육에 관해서는 좀 더 나이가 들어 입학한 아이들이 유리한 건 사실인 듯하다. 보다 어린 같은 반 아이들에 비해 뇌가 조금이라도 더 발달돼 집중력(대개 나이가 들면서 점점 높아진다)이 더 높기 때문일 것이다. 2013년 영국 재정연구소에서 실시한 연구에 따르면 큰 차이는 아니지만 8월에 태어난 아이들이 9월에 태어난 또래에 비해 대학에 가는 비율이 2퍼센트 낮았다. 마찬가지로 영국에서 실시된 스포츠 분야에서의 또 다른 연구에 따르면 9월, 10월, 11월에 태어난 아이들은 6월, 7월, 8월에 태어난 아이들에 비해 프로 스포츠 단체에 선발되는 경우가 3배나 더 많았다.

최초의 제왕절개는 언제 행해졌을까?

아폴론Apollo이 화장용 장작 더미 위에 누워 있던 코로니스Coronis의 배를 갈라 아들인 아스클레피오스Asclepius를 꺼냈다는 그리스신화를 들어본 사람이 있을 것이다. 이 끔찍한 이야기가 제왕절개Cesarean section에 대한 최초의 기록이다. 아스클레피오스는 의술의 신이 된다.

그런데 이 이야기에서 말하는 카이사르가 대체 어떤 카이사르를 뜻하는 건지 헛갈리는 면이 있다. 율리우스 카이사르의 어머니는 그가 성인이 될 때까지 살아 있었기 때문이다. 따라서 제왕절개는 다른 카이사르의 이름에서 따온 말일 수도 있다. (로마 시대에 카이사르는 드문 이름이 아니었다.)

제왕절개로 태어난 최초의 아기

10세기 후반 경에 제작된 고대 세계에 대한 백과사전『수다Suda』에서는 제왕절개라는 말이 율리우스 카이사르Julius Caesar의 탄생 일화에서 따온 것이라며 이렇게 적고 있다. "9달만에 그의 어머니가 죽자, 그들은 그녀의 배를 갈랐다." 그 책에 따르면 카이사르라는 이름 자체가 로마어로 '절개('자르다'의 뜻인 라틴어 동사 caedere를 가리킨 듯하다)'라는 뜻이라고 한다.

아기와 엄마를 모두 살린 과감한 수술

기록에 따르면 산모와 아기가 모두 살아남은 최초의 제왕절개수술은 1500년 스위스에서 행해졌다. 무려 13명의 산파가 달려들었음에도 불구하고 분만에 실패하자 야코프 누페르Jacob Nufer가 아기를 꺼내기 위해 직접 아내의 배를 가른 뒤 다시 꿰맨 것이다. 그는 돼지 거세 기술자라는 직업 덕에 기초적인 해부학 지식을 갖고 있었던 걸로 추측된다. 이유야 어쨌든 수술은 효과가 있었고 그의 아내는 이후 아이를 다섯이나 더 낳았다고 한다.

탄생과 그 전

BIRTH AND BEFORE

인간은 태어나는 순간부터 놀라울 만큼 빠른 속도로 지식을 습득한다.
당신은 성인이니 퀴즈를 풀면서 얼마나 많은 것을 배웠는지 입증해 보라.

Questions

1. 태아의 크기를 재는 것과 관련해 CRL이란 무엇을 뜻하는가?

2. 신생아는 성인보다 뼈가 더 많은데 얼마나 더 많을까?

3. 신생아의 지문도 유일무이한가?

4. 인간의 난자는 인간의 정자보다 약 2배 크다. 맞을까 틀릴까?

5. 점박이하이에나의 경우 왜 새끼를 낳는 일이 끔찍할까?

6. 릴랙신은 잠이 드는 데 도움을 주는 호르몬이다. 맞을까 틀릴까?

7. 최초의 제왕절개는 그리스의 신에 의해 행해졌다고 하는데 어떤 신인가?

8. 일본에서는 모든 임신부에게 특별한 배지를 준다. 무엇에 쓰는 배지인가?

9. 태변이란 무엇이고 어떤 성분으로 이루어져 있는가?

10. 8월생과 9월생 아이 중 학교에 들어갈 때 더 유리한 아이는 누구인가?

Answers

정답은 208페이지에서 확인하세요.

인간은 평생 얼마나 많은 피와 땀과
눈물을 만들어낼까?

재채기는 얼마나 위험할까?

옛말에 "기침과 재채기는 병을 옮긴다"라는 말이 있다. 재채기는 그 강한 추진력으로 사람 속의 미생물을 세상에 효과적으로 퍼뜨리기 때문이다. 그렇다면 '에취'는 실제로 얼마나 강력할까?

총알보다 더 빠르다?

전혀 아니다. 총알은 시속 2,735킬로미터 가

까운 속도로 날아간다. 그러나 재채기는 무언가가 코의 점막을 자극해 입을 통해 공기가 터져 나가는 것으로 통제된 과학적 조건하에서 기록된 가장 빠른 재채기도 그 속도가 시속 164킬로미터 정도였다. 총알과 비교하면 아주 느리지만 인체의 다른 배출 속도에 비하면 훨씬 빠르다. (가장 빠른 기침 속도도 시속 96킬로미터밖에 안 된다.) 2010년 6월 미국 텔레비전 쇼 〈호기심 해결사MythBusters〉에서 실시한 한 생방송 테스트 결과, 평균적인 재채기 속도는 시속 60킬로미터 정도로 여전히 빨랐다.

축복이 있기를!

재채기로 퍼뜨릴 수 있는 병원균에 대해 알고 나면 아마 재채기한 사람을 축복하고 싶지는 않을 것이다. (영미 지역에선 재채기한 사람에게 Bless you!라고 한다.) 2014년 매사추세츠공과대학 환경/토목 공학과에서 실시한 한 연구에선 몇 가지 놀라운 결과가 밝혀졌다. 그중 하나가 재채기를 할 경우 주변에 꽤 큰 액체 방울뿐 아니라 육안으로 보이지 않는 훨씬 작은, 수천 가지의 축축한 기체 입자까지 방출된다는 것이다.

한 번에 10만 마리 세균 발사!

재채기 방울에는 평균 10만 마리의 세균이 포함돼 있으며 약 8미터까지 떠다닌다. 게다가 그 방울 속에 담긴 병원균은 공기 중에 10분이나 떠 있을 수 있다. 더 안 좋은 건 이 축축하고 조그만 기체 입자는 대개 천장 쪽으로 올라가는데 대부분의 건물(학교, 사무실, 병원 등) 천장에는 환기장치가 설치되어 있다. 결국 있는 힘껏 재채기를 할 경우, 바로 근처에 있는 사람들뿐 아니라 훨씬 더 멀리 있는 사람들에게까지 영향을 미칠 수 있다는 의미다.

손은 No! 팔꿈치 안쪽에 Yes!

재채기가 나오려 할 때는 입을 가리는 것이 중요하다. 그러나 재채기 후 손을 닦을 수 있는 소독솜 같은 걸 갖고 다니지 않는 한 손으로 막는 것은 아무 소용이 없다. 그 손으로 주변 물체를 만져 훨씬 더 많은 병원균이 퍼질

수 있기 때문이다. 소독솜이나 화장지 같은 게 없을 경우 팔꿈치 안쪽에 입을 대고 재채기를 하는 게 가장 좋은 방법이라는 연구 결과도 있다. 적어도 다른 물체와 접촉하게 될 가능성이 거의 없는 인체 부위기 때문이다.

31

없어도 살아가는 데
별문제가 없는 장기는 몇 개나 될까?

맹장을 떼 내어도 사람은 잘 살아간다. 심지어 맹장을 떼고 나니 속이 다 후련하다는 사람도 있다. 맹장은 염증이 생길 경우 통증을 일으키는 걸로 유명하며 달리 알려진 기능이 없는 장기이기 때문이다. 그런데 맹장 외에도, 없어도 살아가는 데 별문제가 없는 장기가 있다는데 어떤 것일까?

없어도 괜찮은 장기라…

신장은 하나가 손상돼도 큰 문제가 없다. 남은 신장이 제 기능을 하고 건강에 좋은 식단을 유지하며 술을 멀리한다면, 별문제 없이 살아갈 수 있다. 폐의 경우도 마찬가지다. 사람은 폐가 2개지만 대체로 잠재 능력의 약 70퍼센트밖에 사용하지 못하며 한쪽 폐가 기능을 멈춘다 해서 전체 능력의 절반을 잃는다는 뜻은 아니다. 물론 남은 폐는 기능이 다한 폐의 역할까지 하기 위해 더 열심히 움직여야 한다.

또한 자궁(여성의 경우)이나 고환(남성의 경우)을 잃게 된다 해도 아기를 갖지 못할 뿐 잘 지낼 수 있다. 소화기관 역시 완전히 다 갖추지 않아도 살아갈 수 있다. 예를 들어 위가 없거나

결장의 상당 부분이 없어도 불편은 있겠지만 어쨌든 살아갈 수 있다. 비장을 떼 낼 경우에는 감염에 대한 민감성은 증가하지만 그건 비장이 면역체계의 일부이기 때문이다. 쓸개를 제거하면 지방을 소화시키는 데 도움을 주는 여분의 담즙을 더 이상 분비하지 못하게 돼 지방이 과도하게 많은 음식은 피해야 한다. 이런 기관을 전부 또는 거의 다 잃는다면 정말

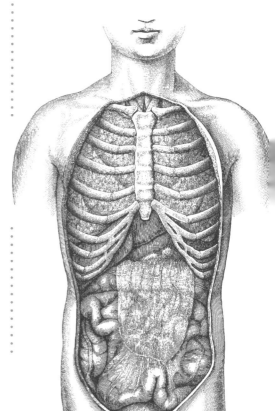

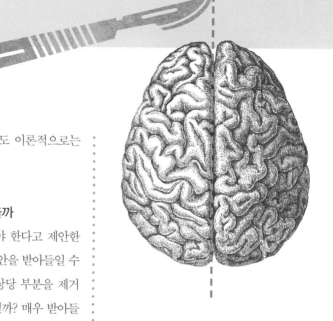

운이 없는 것이겠지만 적어도 이론적으로는 계속 살아갈 수 있다.

뇌의 절반도 내놓을 수 있을까

만일 의사가 쓸개를 제거해야 한다고 제안한다면, 당신은 침착하게 그 제안을 받아들일 수도 있다. 그런데 만일 뇌의 상당 부분을 제거해야 한다고 제안한다면 어떨까? 매우 받아들이기 힘들다. 그런데 실제 뇌의 한 반구를 제거하는 뇌 반구 절제 수술이 있다. 환자들은 나머지 반쪽 반구만 가지고도 몇 년간 아주 잘 지냈다. 최초의 뇌 반구 절제 수술은 1923년 미국 메릴랜드주 존스홉킨스대학교에서 행해졌고 이후 그 수술을 전문으로 하고 있다. 이 수술은 평소 발작이 너무 심해 일상생활이 불가능한 환자들이 최후의 수단으로 선택하는 수술로 환자의 대부분이 어린아이다. 존스홉킨스대학교의 저명한 신경학 교수 존 프리먼John Freeman은 이런 농담을 했다. "절반 이상을 떼 내면 안 됩니다. 다 떼 내면 문제가 생기고요." 뇌 반구 절제 수술에 부작용이 없는

"절반 이상을 떼 내면 안 됩니다. 다 떼 내면 문제가 생기고요."

건 아니나 부작용이라는 게 생각만큼 심하진 않다. 환자들은 대개 뇌를 제거한 반대쪽 몸의 운동 기능이 상실되고 언어장애가 생기기도 하지만 그 외에는 거의 정상적인 생활이 가능하다. 뇌를 제거한 쪽 두개골의 빈 공간은 어떻게 될까? 빈 상태를 유지하지 않고 바로 유체로 가득 찬다.

인간은 평생 얼마나 많은 피와 땀과 눈물을 만들어낼까?

2015년 세계보건기구WHO는 전 세계 평균 기대 수명을 71.4년으로 산정했다. 그 정도 '평균적인' 사람이 평생 만들어내는 피와 땀과 눈물은 어느 정도 될까?

하루 2리터의 땀이라니!

인간은 하룻밤에 약 1리터의 땀을 흘린다는 말이 있다. 매트리스 판매 사원 입장에선 기분 좋은 얘기일지 모르지만 이 말이 사실일까? 수면 땀과다증이 있어 자면서 식은땀을 흘린다면 모를까 쉬는 상태에서 그렇게 많은 땀을 흘리는 경우는 거의 없다. 그러나 활동적인 사람이라면 얘기가 다르다. 오타와대학교에서 실시한 한 조사에 따르면 낮에 45분 정도 격렬한 운동을 하는 활동적인 사람이라면 24시간에 걸쳐 약 2리터의 땀을 흘린다고 한다. 같은 사람이 50년간 이렇게 활동적인 패턴을 유지한다면, 약 36,500리터의 땀을 흘리게 된다. 거기에 어린 시절과 노인 시절 21.4년간은 그 절반, 그러니까 하루에 1리터 정도의 땀을 흘린다면 7,800리터 정도의 땀을 더 흘리므로 평생(71.4년 동안) 총 44,300리터 정도의 땀을 흘린다는 얘기다. 이를 욕조 수로 환산한다면 어느 정도 될까? 욕조 하나에 평균 80갤런의 물이 들어간다는 걸 감안하면, 이는 욕조 123개 이상을 가득 채우는 양의 땀이 된다.

욕조 20개는 채우는 눈물

평생 흘리는 땀의 양을 살펴본 뒤 눈물의 양을 살펴보면 실망스러울 정도로 적다. 다양한 연구가 있었고 그 결과도 다양하지만 한 가지 공통점은 여성이 남성보다 더 많이 울고 우는 시간도 더 길다는 것이다. (한 유명한 조사에 따르면 여성은 한 달에 평균 3.5회, 1년에 42회 울고 남성은 그 절반이 채 안 된다고 한다.) 사람이 평생 동안 흘리는 눈물의 양을 눈에서 지속적으로 만들어내는 '윤활유 역할을 하는 눈물(그에 비해 '감정적으로 흘리는 눈물'은 아주 적다)'을 합쳐서 계산해 보았다. 총 어느 정도로 추산됐을까? 강물에 비교할 수는 없지만 평생 거의 6,000리터, 그러니까 욕조 20개 정도는 채울 정도로 많다.

피 무게는 체중의 10%

헌혈을 한다거나 교통사고 같은 걸 당하지 않는 한 피는 내내 몸 안의 폐쇄된 순환계 안에 머문다. 평균적인 성인의 경우 몸 안에서 늘 4.5리터에서 5.5리터 정도의 피가 순환한다. (피의 양은 각자의 키와 몸무게에 따라 달라지지만 대개의 경우 피의 양은 체중의 8~10%다.) 놀라운 사실은 아이들의 경우 6세 정도가 되어야 성인과 같은 양의 피를 가진다. 물론 아이들은 몸이 작기 때문에 실제 피의 양은 체중에 비해서는 최대 비율이다. (반면에 신생아의 경우 정맥 속 피의 양이 매우 적다.)

인간은 평생 얼마나 많은 양의 피를 만들까? 혈액 속의 세포는 끊임없이 죽고 교체되기 때문에 정확한 피의 양을 계산한다는 것은 쉬운 일이 아니다. 그러나 인간은 어느 정도 피를 흘리면 몸에서 약 이틀 이내에 동일한 양의 피를 만들어낸다. 그러나 내용물, 즉 백혈구와 혈소판 그리고 특히 적혈구는 만드는 데 시간이 더 걸려 성분 균형이 원래 상태와 같아지려면 여러 주가 걸리기도 한다. 대부분의 혈액은행이 헌혈 후 12~16주 이상 경과되어야 다시 헌혈을 허용하는 것은 바로 이 때문이다.

"오줌이나 침과 관련된
 통계 수치에 대해서는
 언급하지 말자!"

하루에 얼마나 많은 피부 세포가 떨어져 나갈까?

피부는 사람의 몸 가운데 가장 큰 장기이며 폐나 간과는 달리 늘 밖으로 노출되어 있기 때문에 어쩌면 당신이 가장 잘 아는 장기일 것이다. 게다가 피부는 놀랄 만큼 빠른 속도로 새 피부로 교체된다.

연간 사라지는 피부 세포 1킬로그램

대부분의 사람들은 4주마다 바깥쪽 피부층이 완전히 교체된다. 피부 표피의 아래쪽 층에서 계속 새로운 세포가 만들어지고 그것이 죽은 세포로 두껍게 덮인 표면으로 올라가는 것이다. 눈에 보이지는 않지만 죽은 세포는 다른 물체에 스쳐 벗겨지거나 바람에 날려 떨어지거나 그냥 떨어져 바로 새로 생겨난 세포로 교체된다.

그렇다면 매일 얼마나 많은 피부 세포가 사라지는 걸까? 그 수는 전문가마다 조금씩 다르지만 백만에서 몇 백만 정도로 엄청나게 많은 세포가 사라진다. 물론 피부 세포는 아주 작지만 그래도 1년에 약 1킬로그램 이상의 피부 세포가 사라진다는 주장도

있다. 인간의 입장에선 그리 유쾌한 일이 아니지만 죽은 피부 세포를 반기는 팬이 있다. 집먼지진드기다.

먼지가 쌓이는 곳이라면 어디서나

집먼지진드기는 거미와 같은 거미류로 아주 아주 작다. 몇 가지 좋은 점도 있다. 물지 않고 질병도 옮기지 않으며 집먼지진드기 알레르기만 없다면 걱정할 일이 없다. 집먼지진드기는 먼지가 쌓인 데라면 어디서든 발견할 수 있으며 빛이 많지 않은 축축한 환경을 좋아하고 따뜻한 걸 좋아하지만 직접적인 열은 꺼려한다. 소파 덮개나 카펫이 좋은 은신처이지만 가장 이상적인 서식지는 역시 침대의 매트리스다.

36

때까지 기다린다. 진드기의 입은 집게처럼 움직이며 평평하고 얇은 피부 세포는 집기도 쉬워 더 매력적이다.

침대가 집먼지진드기의 편안한 서식지가 되고 있다면 진드기는 아주 빠른 속도로 그 수가 늘어날 것이다. 그러니 매트리스를 진공청소기로 청소하고 자주 뒤집어 주어 진드기의 서식지를 없애는 것이 좋다.

집먼지진드기의 뷔페식당

대부분의 매트리스에는 집먼지진드기가 살만한 데가 많으며 사람들이 밤에 엎치락뒤치락하면서 떨어뜨리는 아주 미세한 피부 조각은 진드기 입장에선 마음껏 먹을 수 있는 뷔페나 다름없다. 게다가 사람의 땀과 습기 찬 숨길 덕에 침대는 비교적 축축한 환경이 만들어져 사람이 떨어뜨리는 피부 세포는 진드기에 의해 아주 빨리 분해되기 시작한다.

진드기는 막 떨어진 세포는 좋아하지 않으며 (죽은 세포를 이루는 각질이 진드기에게는 너무 건조하고 단단하다), 공기 중에 떠다니는 포자가 습기 찬 세포 위에 내려앉아 그 표면에 곰팡이가 필

먼지가 건강에 좋은 이유

사람의 피부 세포는 집 안 먼지의 상당 부분을 차지한다. 그래서 대부분의 사람들에게 위생 문제가 된다. 깨끗한 집은 먼지가 없는 집이니까 말이다. 그러나 2011년 전미 화학협회에서 발표한 연구에 따르면 먼지 중에 피부 세포 먼지는 건강에 좋은 면이 있을 수 있다고 한다. 사람의 피부 속에 들어 있는 스쿠알렌이란 기름이 대기오염 물질인 오존을 흡수하는 걸로 입증됐기 때문이다. 그래서 먼지가 덮인 표면은 매끄러운 다른 표면보다 건강에 이로울 수 있다.

몸의 어떤 부분이 가장 열심히 일할까?

사람 몸속의 수많은 장기는 스타하노프운동(소련의 노동 생산성 운동)의 노동 윤리를 갖고 있다. 그야말로 휴식도 없이 일만 한다. 그런데 그 많은 일중독자 중 누가 '가장 열심히 일한 노동자' 상을 수상해야 할까? 다음 세 도전자, 간과 뇌와 심장이 유력한 후보다.

간

서기 2세기에 살았던 그리스 의사 겸 철학자 갈레노스Galen는 간에 상을 주었다. 그는 "간은 가장 중요한 조혈기관으로 다른 모든 중요한 장기가 간에 의존한다"고 말했다.

갈레노스의 말은 옳은 것일까? 간은 두 번째로 큰 장기(피부 다음)이며 무게가 약 1.36킬로그램이다. 간은 피를 거르고 깨끗하게 하며 독소를 제거해 신장으로 보내거나(여기서 소변

으로 변한다) 독소를 담즙으로 바꿔 쓸개로 보낸다. 또한 알코올이나 약물이 몸 안에 들어올 때 있는 힘을 다해 그걸 처리한다. 그리고 각종 호르몬을 만드는 데 필요한 콜레스테롤을 만들며 혈액 내 단백질 및 지방, 당분을 적절 수준으로 유지해 준다. 간은 다소간 스스로 치유될 수 있다는 점에서 독특하다. 어느 정도 혹사해도 잘 버텨준다는 얘기다. 그러나 많은 알코올이나 지나치게 기름진 음식을 섭취해 간을 심하게 손상시킬 경우, 이식 외에는 고칠 방법이 없다.

뇌

뇌는 간보다 조금 가벼우며 놀랍게도 약 70퍼센트가 물로 되어 있다. 그럼에도 불구하고 뇌가 작동하지 못할 경우 인간은 존재조차 할 수 없다. 무게는 체중의 3퍼센트 정도밖에 안 되지만 몸 전체 에너지 가운데 무려 20퍼센트나 쓴다. 그 에너지 중 3분의 2는 신경세포를 움직이고 서로 커뮤니케이션하게 하는 데 쓰이며 나머지 3분의 1은 세포에 연료를 재공급해 제대로 작동하게 하는 데 쓰인다. 인간은 뇌의 잠재력을 10퍼센트밖에

장은 아주 인상적인 일을 하는데 하루에 평균 약 10만 번 고동치면서 온몸에 피를 보내고 피가 24시간 내내 순환계를 통해 약 19만 킬로미터나 돌게 한다.

간과 뇌와 심장은 워낙 열심히 일해서 그 중 우승자를 가린다는 건 쉬운 일이 아니다. 당연한 이야기이지만 세 장기 가운데 하나만 없어도 인간은 살 수 없다.

활용하지 못한다는 믿음이 오랜 세월 있었으나 최근 그것이 잘못된 믿음이라는 게 밝혀졌다. 사실 인간의 뇌는 사람이 활동 중이든 쉬고 있든 하루 24시간 내내 일한다. 그러니까 하루 24시간 어느 때든 뇌의 잠재력을 100퍼센트 활용하고 있는 것이다.

심장

꽉 움켜쥔 두 주먹만 한 크기에 지칠 줄 모르는 노동자, 심장은 정말 열심히 일하는 장기다. 무게는 경량급, 평균적인 남성의 심장은 280그램 조금 넘으며 평균적인 여성의 심장은 그보다 약 56그램 정도 가볍다. 건강한 심

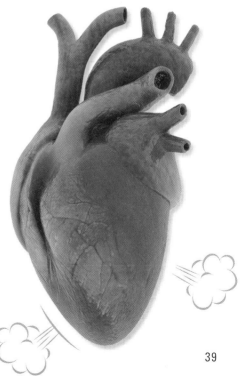

가장 보기 드문 혈액형은 무엇일까?

"혈액형이 어떻게 됩니까?"라는 질문은 보통 누군가 수혈이 필요할 때나 묻는 질문이다. 비교적 최근까지만 해도 모든 혈액은 거의 같은 특성을 갖고 있는 걸로 믿었다. 수혈이 종종 죽음에 이르는 위험한 도박이라는 인식이 사라진 것은 혈액이 여러 유형으로 분류된 이후의 일이다.

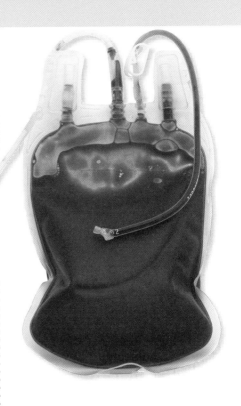

수혈 후 생존 가능성은?

상처나 사고로 인해 많은 피를 흘린 몸에 '피를 채운다'는 개념은 오래되었다. 최초의 수혈은 17세기에 영국 의사 윌리엄 하비William Harvey가 혈액순환을 발견한 직후 시도됐다. 19세기 초, 수혈은 여전히 시도되어 가끔은 성공했지만 대부분은 환자들이 비극적인 반응을 보이며 실패로 끝났다.

혈액형의 발견

20세기 초 오스트리아 비엔나대학교에 몸담고 있던 병리학자 카를 란트슈타이너Karl Landsteiner가 혈액형의 존재를 발견했다. (그는 나중에 노벨상을 수상한다.) 처음에 그가 A, B형과 O형을 발견했고 몇 년 후 동료들이 AB형

을 발견했다. 혈액세포는 여러 다른 항원, 즉 면역체계 내에서 항체 생성을 촉진시키는 물질을 갖고 있다. 1930년대 말에는 '알에이치 인자Rh factor'라 불리는 유난히 강력한 항원의 존재 유무가 혈액형에 영향을 줄 수 있다는 사실이 발견됐다. 알에이치 인자를 갖고 있으면 양성이고 갖고 있지 않으면 음성이다. 대부분의 사람들이 혈액형에 대해 알고 있는 지식

은 이 정도다. 사람들은 O형이 '보편적인' 혈액형이고 각 혈액형은 다시 '플러스'와 '마이너스'로 나뉜다고 알고 있는데 사실은 그렇지 않다.

생각보다 다양한 혈액형

헌혈이나 수혈을 할 때는 각자의 혈액형이 무엇인지가 절대적으로 중요하다. 자신과 맞지 않는 유형의 피를 받을 경우, 아주 심각한 문제가 생긴다. 수혈 받은 피가 엉기거나 응고되거나 철저히 거부당하면서 파국적인 반응을 일으키는 것이다. 오늘날까지도 아직 중요한 혈액형 외에 소수의 '소집단subgroup'이 발견되는데 소집단 속에는 특별한 항원이 존재하기도 하고 존재하지 않기도 한다. 이런 소집단은 주로 소수의 사회집단에 속해 유전자풀이 매우 좁은 사람들에게서 발견된다.

몇 안 되는 소집단 혈액형을 가진 사람들은 수혈을 받을 때 문제가 생긴다. 예를 들어 HH형이라고도 알

려진 '봄베이 혈액형'은 1952년 인도 뭄바이에서 처음 보고됐다. 두 환자에게 수혈을 해야 했는데 적절한 혈액을 찾지 못한 것이다. 결국 두 환자는 모든 일반적인 혈액형에 존재하는 H 항원을 발현하지 못한다는 게 밝혀졌다. 이런 사람들은 다른 모든 혈액형의 사람에게 피를 줄 수는 있지만 정작 자신은 같은 HH 혈액형을 가진 사람에게서만 피를 받을 수 있다.

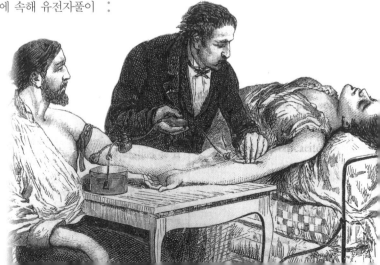

인간의 몸에는 쓸모없어진 부분이 얼마나 많을까?

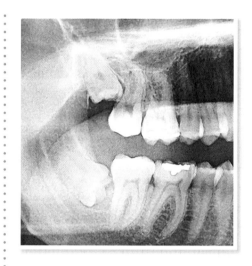

몸에 더 이상 쓸모없어진 기관이 남아 있는 것은 인간만이 아니다. 타조의 날개도 비슷한 경우다. 삶이 급격히 달라지면서 진화의 유물이 되어버린 인간에게 쓸모없어진 부분 중 맹장과 꼬리뼈에 대해선 아마 알고 있겠지만 비단 이것만 있는 것은 아니다.

꼬리를 갖고 태어난 아기

꼬리뼈는 4~5개의 척추뼈가 합쳐진 척추의 맨 아랫부분에 삐져나와 있다. 자궁 내 초기 성장 단계에서 태아는 눈에 보이는 '꼬리'를 갖고 있지만 임신 8주쯤 되면 사라진다. 아주 드물게 아기가 퇴화한 짧은 꼬리를 갖고 태어나는 경우가 있는데 대개 중심 뼈는 없고 피부와 지방으로 되어 있다.

채식주의의 유물

지금은 아무 쓸모도 없는 부분으로 사랑니(인류의 3분의 2 정도가 갖고 있

다)와 맹장(모든 인간이 갖고 태어난다)이 있다. 이것은 모두 인간이 오랜 세월 초식을 한 것과 관계가 있다. 과거의 '샐러드'는 섬유질이 많은 식물 줄기와 푸른 야채로 이루어져 있어 오늘날 우리에게 익숙한 재배 야채보다 훨씬 씹기가 힘들었다. 섬유질이 많아 씹기 힘든 음식을 먹기 위해 인간에게 세 번째 어금니 즉, 사랑니가 생긴 것이다. 오늘날에는 사랑니가 치아 사이를 비좁게 만들거나 불편하게 삐져나와 아예 뽑아버리는 경우가 많다. 더 이상 쓸모가 없어졌다.

맹장은 대장 끝부분에서 시작되는 끝이 꽉 막

힌 작은 관으로 인간이 식물을
많이 먹던 시절에 소화를 도왔
다. 많은 전문가들에 따르면 인간
의 식습관이 변화되면서 오그라들
었고 결국 쓸모없는 기관이 되었다. (소수의 사
람들은 아직 제대로 밝혀지진 않았지만 맹장이 면역체계
를 지원하는 역할을 하고 있을지도 모른다고 주장한다.)

인간의 눈에도 덮개가 있었다

눈의 안쪽 구석을 보면 작은 주름이 보일 것
이다. 바로 북극곰에서 상어에 이르는, 다른
많은 동물에 여전히 존재하는 '제3안검third
eyelid', 즉 '순막'의 잔재다. 확실한 제3안검
은 쭉 펴면 눈 전체를 덮어 눈을 보호하고 촉
촉하게 유지해준다. 눈을 깜빡거릴 필요를 줄
여주기 때문에 인간이 사냥을 많이 해 뛰어난
시력이 필요하고 전광석화 같이 빨리 반응해
야 하던 시절에 중요한 역할을 했다. 그러나
점점 퇴화되어 오늘날에는 그 흔적만 남았다.

냄새를 해부하는 기관

개는 고도로 발달된 후각을 갖고 있다. 인간이 수
많은 색 중에서 세세한 색을 구분하듯 개는 복합
적인 냄새에서 미세한 냄새를 구분한다. 개는 대
개 코 바로 안쪽 구멍을 통해 입과 연결되는 또
다른 감각기관이 있어 어떤 냄새 분자를 가지고
중요한 냄새 입자를 찾아낼 수 있다. 서골비기관
VMO이라 불리는 이 감각기관은 개가 극도로 예
민한 후각을 발휘하는 데 중요한 역할을 한다. 따
라서 당신의 개가 맛있는 냄새를 입천장으로 보
내는 것처럼 보인다면 아마 와인 전문가가 최고
급 와인을 음미하듯 서골비기관을 동원해 그 냄
새를 음미하는 중일 것이다. 전문가들은 오랜 세
월 인간에게도 서골비기관의 흔적이(추가적인 감
각세포 형태로) 남아 있을 수 있다고 믿었지만 아
직까지 제 기능을 발휘하고 있는지, 우리 몸에 남
은 또 다른 진화의 유물은 아닌지를 둘러싸고 논
란이 끊이지 않는다.

사람의 키는 정말 아침에 더 클까?

당신의 키는 밤에 잠자리에 들기 전보다는 아침에 일어날 때 더 크다. 비록 큰 차이는 아니지만 직접 신중하게 재보면 아마 그 차이가 약 1.3~2센티미터쯤 될 것이다. 대체 어떻게 된 일일까?

중력이 디스크에 미치는 영향

이 같은 현상은 중력이 척추 내 부드러운 물질에 미치는 영향 때문에 생기는 것이다. 척추뼈는 압축되지 않지만 사람이 똑바로 서 있을 때 뼈 사이에 있는 탱탱한 연골 디스크는 압축이 된다. 무릎 속 연골 같은 몸의 다른 '완충제' 역시 마찬가지다. 밤에 자리에 누워 있으면 그 모든 게 서서히 다시 늘어나기 때문에 다음 날 아침이 되면 다시 키는 최대한 커진다.

키가 커지고 싶으면 우주로 가라

우주비행사의 경우 무중력상태에서의 우주 임무를 마친 뒤 키를 측정해보면 약 1.3센티미터 이상 커져 있지만 똑바로 서서 하루치 중력의 효과가 미치면 다시 줄어든다. 어떤 우주비행사는 지구에 있을 때보다 키가 5센티미터나 더 커지기도 했다. 그러나 그 효과는 오래가지 않아 지구 대기 안으로 돌아온 뒤 몇 개월 만에 원래의 키로 돌아왔다.

아침에는 체중도 줄어든다

체중 감량에 전념하고 있는 사람들이 가장 기쁠 때는 아침 일찍 저울 위에 올라섰을 때다. 하루의 나머지 시간보다 체중이 0.5~1.5킬로그램 정도 덜 나가기 때문이다. 대부분의 사람들은 잠자는 시간에 아무것도 마시지(또는 먹지) 않고 자는 동안 땀이나 호흡을 통해 수분을 잃게 되며 일어나자마자 소변을 봐 체내의 물 무게가 줄어든다. 게다가 잠자는 동안 에너지 형태로 칼로리도 태운다. 그러나 일단 일어나서 이것저것 먹고 마시다 보면 체중은 다시 늘어난다.

인간의 몸에서
어떤 근육이 가장 튼튼할까?

인간의 몸에는 아주 강한 근육이 많지만 유별나게 더 튼튼한 스타 근육은 없다. 각 근육이 힘이나 탄력성, 지구력 등 다양한 면에서 모두 뛰어나기 때문이다.

강력한 근육

근육은 크게 세 그룹으로 나뉜다. 심장근(심장근육), 민무늬근(창자 및 다른 장기의 근육), 골격근(뼈에 붙어 있거나 뼈와 함께 움직이는 근육)이 있다. 그 외에 뭔가를 씹을 때 사용되는 턱 안의 깨물근, 유연한 발 움직임에 꼭 필요한 비장근, 똑바른 자세를 유지하는 데 필요한 엉덩이 속의 큰 근육인 큰볼기근 등도 강한 근육이다.

숨어서 일하는 영웅

묵묵히 일하는 일꾼도 있다. 눈 주변의 미세한 근육은 피곤해지기 전까지는 별 주목을 받지 못하지만 여러 가지 일을 하는 과정에서 끊임없이 미세하게 조절된다. 장의 활동을 관장하는 민무늬근은 조용히 자동으로 움직인다. 그래서 무언가 문제가 생기기 전까지는 이런 근육의 존재는 알지도 못한다.
심장은 대개 장기로 분류되지만 전체가 근육으로 지구력이나 지속성에 관한 한 단연 최고다. 대부분의 근육은 달리거나 먹는 등 특정 움직임이 필요할 때 움직이지만 사람이 살아 있는 한 심장은 매일, 하루 종일 움직인다.

또 다른 일꾼, 혀

혀가 가장 강력한 근육이라는 의견도 많지만 사실 그렇지는 않다. 많은 사람들이 그렇게 생각한 이유는 혀의 지치지 않는 스태미나와 유연성 때문이다. 혀는 8개의 독립된 근육으로 이루어져 있으며 특이하게 뼈가 없이도 서로 꼬여 특정한 형태를 만들어낸다. 이를 전문용어로 '근육압(문어가 해저에서 꿈틀거리며 나아갈 때 보여주는 근육 구조와 같다)'이라 한다.
혀는 아무리 많은 일을 해도 지치지 않는데 한 근육이 시들해지면 또 다른 근육이 힘을 쓰기 때문이다.

사람의 몸 안에는
얼마나 긴 관이 들어 있을까?

몸속의 어떤 기관은 길이가 놀랄 만큼 길다. 만일 장을 꺼내 일렬로 쭉 편다면 당신의 키보다 3~4배 정도 더 길며 신경계를 꺼내 쭉 편다면 무려 72킬로미터가 넘는다.

특히 걸출한 신기록 수립자

몸 안에 들어 있는 물질 양과 관련된 가장 놀라운 통계 수치는 혈관의 총 길이다. 세 종류의 혈관(산소가 포함된 피를 심장으로부터 몸의 각 부위로 내보내는 동맥, '사용된' 피를 다시 심장으로 나르는 정맥, 동맥과 정맥을 연결하는 모세혈관)을 다 합하면 총 길이가 아이의 경우 약 9만 6,500킬로미터, 어른의 경우 16만 킬로미터에 이른다.

얼마나 멀리까지 갈 수 있을까?

16만 킬로미터가 어느 정도 거리인지 바로 떠오르지 않는다. 실제로는 지구에서 달까지의 거리 중 거의 중간까지의 거리를 의미한다. 세 사람의 혈관, 동맥과 정맥과 모세혈관을 일렬로 쭉 편다면 달 너머까지 피를 보낼 수 있는 것이다. 이런 식의 통계 수치는 정말 많지만 이는 혈관을 가장 잘 활용하는 방법이 아니며 원래 있어야 할 몸 안에서 순환계 역할을 할 때 가장 유용하다.

윌리엄 하비

인간의 혈관계와 관련된 경이로운 사실이 사람들에게 늘 좋은 인상을 준 건 아니다. 혈관계를 발견한 의사 겸 학자인 윌리엄 하비는 1628년 전기 작가인 존 오브레이John Aubrey한테 이런 불만을 털어놓았다. "혈관계 이론을 발표한 뒤 난 의사 일에 전념했는데…… 일반 대중은 나를 미친 사람 보듯 했습니다."

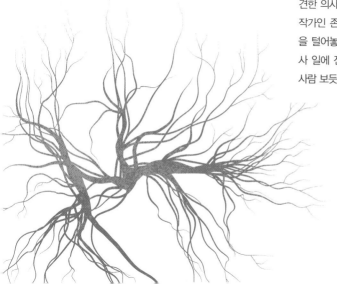

놀라운 기록

FASTEST. LONGEST. GREATEST. STRONGEST

인간의 몸 안에는 기록 갱신자가 많다. 퀴즈의 질문에 답하면서
스스로가 얼마나 총명한지 테스트해 보라.

Questions

1. 재채기는 날아가는 총알보다 더 빠르다. 맞을까 틀릴까?

2. 사람이 평생 만들어내는 눈물의 양은 그걸 담은 욕조 안에서 목욕할 정도로 많을까?

3. 반구 절제는 간과 심장과 뇌 중 어떤 것의 반을 제거하는 수술인가?

4. 그리스 의사 갈레노스는 몸의 어떤 부위가 가장 열심히 일한다고 주장했는가?

5. 먼지가 많은 집이 왜 건강에 좋을 수도 있는가?

6. 서골비기관이란 무엇인가?

7. 우주에서는 키가 더 커질까 작아질까?

8. 인체의 어느 체계를 일렬로 쭉 펴면 72킬로미터 정도가 되는가?

9. 집먼지진드기는 곤충류인가 거미류인가?

10. 사람의 혀에는 왜 8개의 독립된 근육이 있어야 할까?

Answers

정답은 208페이지에서 확인하세요.

실제로 늑대가 키운
인간 아이가 있었을까?

인간은 왜 500년 전보다 더 클까?

인간이 예전에 비해 키도 몸집도 훨씬 더 커졌다는 건 상식에 속한다. 그러나 모든 '상식'이 그렇듯 그걸로 전부 설명되지는 않는다. 인간의 성장 패턴은 꾸준한 진전보다는 잠시 멈춰 조정을 한 뒤 다시 나아가는 간헐적 진전에 가깝다.

인간은 계속 커지고 있는 걸까?

고대 갑옷 같은 걸 살펴보면 인간은 예전에 비해 몸집이 많이 커졌다는 결론이 나온다. 금속으로 된 옷을 입을 기회란 그리 흔하지 않지만 어떤 옛날 갑옷은 지금 입어보면 아주 작기 때문이다. 그러나 인간의 몸이 과거 특정 시점에 비해 더 커졌다 해도 그 변화가 꾸준히 일어난 것은 아니다. 과학자들에 따르면 인간의 몸이 커지는 속도는 일정하지 않으며 대부분의 성장 그래프가 눈에 띄게 불규칙적이라고 한다.

커지는 시기, 작아지는 시기

이해하기 쉬운 장기 조사는 거의 다 미국인과 북유럽인의 신체 변화를 다루고 있어 일반화하는 데는 한계가 있다. 2017년 옥스퍼드대학교에서 발표한 조사에서는 2,000년간 영국 남성의 평균 키를 분석했다. 조사 결과에 따르면 영국 남성의 키는 어떤 시기에는 커졌고 어떤 시기에는 작아졌는데 그것에 큰 영향을 미친 요소는 장기간의 날씨 상태(예를 들어 14세기에 시작된 '소빙하시대'), 번영의 시기(어린 시절에 건강한 식단이 보장됐던 시기), 도시와 시골 간의 생활방식 차이 등이었다. 그러나 이 조사와 보다 광범위한 다른 조사 모두 몇 가지 놀라운 결과를 보여준다.

뼈를 기준으로 키 계산하기

참고할 것이 뼈대밖에 없는 경우 키는 어떻게 계산할까? 법의학 팀은 다리의 대퇴골 즉 넓적다리뼈(팔의 긴뼈인 위팔뼈도 사용)의 길이를 재서 일정한 계산법을 적용한다. 예를 들어 넓적다리뼈의 길이를 센티미터로 잰 뒤 그 수치에 2.6을 곱하고 65센티미터를 더하면 키가 된다. 계산 결과는 뼈대 주인의 인종과 성별에 따라 조금씩 다르다.

200년간의 급격한 성장

중세가 끝날 무렵부터 18세기 초까지 인간의 키는 실제로 작아져 1700년에 평균적인 북유럽 남성은 11세기 때와 비교해 6.4센티미터 정도가 작아졌다. 19세기 중순부터 지난 2세기 동안 인간의 키가 가장 꾸준히 커졌으며 특히 북유럽과 아메리카인의 키가 꾸준히 커졌고, 북아메리카인은 미국 독립 혁명기부터 제2차 세계대전 사이에 세계에서 가장 큰 사람으로 기록됐다. 이후 여러 유럽 국가 사람들이 세계에서 가장 큰 사람이 되었으며 현재는 네덜란드인이 평균 키 약 183센티미터로 세계에서 가장 큰 사람으로 기록되어 있다.

나폴레옹 콤플렉스의 오류

키와 관련된 흥미로운 얘기가 하나 있다. 키 작은 사람들이 갖고 있다고 알려진 '나폴레옹 콤플렉스'는 그야말로 잘못된 말이다. 나폴레옹의 키는 당시의 평균(약 162센티미터)을 훌쩍 뛰어넘는 167센티미터 정도로 결코 작은 사람이 아니었다!

원시인도 알레르기 증상이 있었을까?

인류의 조상도 동굴에서 밖으로 나와 연신 재채기하며 꽃가루가 많이 날리는 날이라고 투덜거렸을까? 아니면 알레르기는 지나치게 건강에 신경 쓰고 호들갑 떠는 생활 방식 때문에 생겨난 현대병일까?

질병을 퇴치하는 유전자

호모사피엔스는 앞서 멸종된 다른 두 종의 '인간hominid', 네안데르탈인과 데니소바인(전해오는 정보가 거의 없으며 시베리아 지역에 살았다고 본다)과 시기적으로 중복되어 서로 이종교배도 됐다. 2016년 〈미국 인간 유전학 저널〉에 실렸던 두 연구에 따르면 초기의 이종교배로 인해 유용한 유전학적 특질이 유전됐다고 한다. 인간은 3가지 TLR 유전자(TLR1, TLR6, TLR10)를 받았는데 이는 전부 질병을 퇴치하는 유전자로 그중 두 유전자는 네안데르탈인으로부터, 한 유전자는 데니소바인으로부터 물려받았다. 유전자의 영향력은 수천 년이 지난 지금까지도 사라지지 않은 것으로 믿어진다.

TLR 유전자란 무엇인가?

TLR은 toll-like receptor(톨 유사 수용체)의 줄임말로 몸속에 침투한 병원균을 집어삼켜 감염을 막아주는 특수 단백질을 생성하는 일을 하는 유전자다. 초기 인간의 경우 효과적인 의술 같은 게 없었기 때문에 병원균에 감염되는 걸 막는 것이 특히 중요했다. TLR 유전자는 하는 일이 명확하지 않다. 잠재적 병원균이 위낙 많아 한 유전자가 각 병원균을 모두 감당할 수 없기 때문이다. 이 유전자가 만드는 단백질은 인체 세포의 표면을 순찰하면서 잠재적인 침입자를 찾아낸다. 그리고 직접 달갑지 않은 침입자를 처리할 수 없을 경우, 인체 면역체계 반응에 도움을 청한다. TLR 유전자는 호모사피엔스와 네안데르탈인과 데니소바인이 서로 이종교배 되던 5만여 년 전과 별로 다를 게 없는 기능을 수행하는 듯하다.

면역력과 함께 커진 알레르기

질병 퇴치에 도움을 주는 이런 일은 원치 않는 부작용도 있다. 초기 세 종류의 '인간' 종이 서로 이종교배 되던 시절에는 호모사피엔스가 새로 나타난 종이었다. 다른 인간 종은 같은 지역에 수천 년간 살아오면서 환경에 적응했고 그 과정에서 서식지 내에 있는 많은 병원균에 대해 면역력을 쌓았다. 새로 온 호모사피엔스에게는 그런 면역력이 없었으나 다른 두 종과의 이종교배를 통해 면역력이 점점 커졌다. 문제는 그 과정에서 알레르기 반응도 늘었다는 것이다. 그러니까 면역체계가 해롭지도 않은 병원균을 상대로 싸움을 벌여 원치

않는 반응을 일으키게 되었다. (전형적인 꽃가루 알레르기를 생각해보라.)

위생 가설의 한계

위생 내지 청결로 인해 지난 50년간 알레르기 현상이 엄청나게 증가했다는 '위생 가설hygiene hypothesis'을 어떻게 생각하는가? 이 가설은 1989년 데이비드 스타찬David Stachan이 〈영국 의학 저널〉에 발표한 논문에서 처음 제기됐다. 세균 없는 깨끗한 환경에 대한 관심이 높아지고 특히 아이들의 알레르기 증상 역시 대폭 증가하는 현상을 보면서 스타찬은 양자 사이에 연관성이 있다는 주장을 폈다. 그로부터 30여 년이 지난 지금은 위생 가설이 여러 요소 중 하나일 뿐이라고 믿는다. 다만 제왕절개로 태어난 아기는 훗날 알레르기 증상에 시달릴 가능성이 더 높다. 모유가 아닌 분유를 먹고 자란 아기 역시 마찬가지다. 그 이유는 두 경우 모두 아기가 엄마의 장내 미생물을 최대한 활용할 수 있는 기회를 박탈당하기 때문이다.

유리 망상은 어떤 질환이었을까?

정신이상 증상이 시대에 따라 달라질 것이라는 생각은 아마 해본 적이 별로 없을 것이다. 그런데 어떤 정신 질환은 특정 시대에서만 볼 수 있다는 증거가 있다. 방사능이란 게 있는지도 모르던 시절에는 방사능에 오염됐다는 상상 같은 건 할 수 없을 것이 아닌가? 이런 정신 질환 중 가장 특이한 것이 '유리 망상 glass delusion'이다.

내 몸이 깨질까봐 두려워요

유리 망상에 사로잡힌 사람들은 자기 몸이 유리로 되어 있다고 믿었다. 그러니 늘 심각한

문제가 생겼다. 기록으로 남은 최초의 유리 망상 환자 중 한 사람은 15세기 초에 살았던 프랑스의 왕 샤를 6세였다. 잘생기고 매력 있고 인기도 많았던 그는 재임 기간 마지막 30년 동안 자신의 몸이 유리로 되어 있다는 망상 속에 세월을 보냈다. 샤를 6세는 몸에 리넨과 양모를 겹겹이 두른 채 대부분의 시간을 침대에서 보냈다. 어쩌다 움직여야 할 때는 '깨질까봐' 철 지지대를 덧댄 코르셋 같은 겉옷을 입었다.

유리 망상에 걸린 왕족은 그뿐만이 아니다. 비교적 최근인 1840년대 바바리아의 루트비히 1세의 딸이었던 알렉산드라 아멜리Alexandra Amelie 공주는 상태가 훨씬 더 심각했다. 공주는 자신이 어린 시절에 유리로 만들어진 그랜드피아노를 삼켰다고 주장했다. 공주는 항상 자기 속의 유리 피아노가 산산조각 날까봐 전전긍긍하며 궁 안에서만 조심조심 움직였다.

유리 인간의 급격한 등장

기록에 따르면 유리 망상 환자들은 대개 신분이 높고 교육도 많이 받은 사람이었는데 아마 그리 유명하지 않은 환자는 아예 무시되거나

손가락질 당했거나 감금됐기 때문일 것이다. (물론 기록도 남아 있지 않다.) 유리 망상은 약 2세기 동안 광범위하게 퍼진 질병으로 환자가 수백 명이나 생기면서 널리 알려지고 기록되었다가 서서히 사라졌다.

영국 작가 로버트 버턴Robert Burton은 1621년에 출간한 저서 『우울증의 해부』에서 이렇게 썼다. "그들은 자신의 몸이 전부 유리로 되어 있다고 믿었고 그래서 다른 사람이 가까이 오는 걸 못 견뎌 했다." (버턴의 책 속에는 몸이 코르크로 되어 있다고 믿는 사람, 몸속에 개구리가 살고 있다고 믿는 사람 등의 얘기도 나오며 유리 망상은 여러 정신 질환 중 하나일 뿐이었다.) 유리 망상은 1613년에 출간된 세르반테스Cervantes의 『유리 학사El Licenciado Vidriera』에도 나올 만큼 널리 알려진 정신 질환이었다.

과학과 더불어 변화하는 정신 질환

유리 망상은 요즘에는 거의 볼 수 없는 정신 질환이다. 최초의 발병 사례는 투명한 유리가 신기한 물건이던 15세기 초에 나왔다. 토론토대학교의 의학사 전문가인 에드워드 쇼터 Edward Shorter 교수에 따르면 유리 망상이 유

행하기 전에는 자기 몸이 도자기로 되어 있다고 믿는 망상 환자가 있었다고 한다. 19세기 들어와 유리 망상 사례가 더 이상 보고되지 않자 자신이 새로 생겨난 물질인 콘크리트로 변한다고 믿는 망상 환자에 대한 보고가 나오기 시작했다. 이 같은 일부 정신 질환은 새로운 과학기술에 적응하는 과정에서 생기는 건 아닐까? 오늘날, 정신 질환을 가진 누군가가 자신의 노트북에서 나오는 사악한 힘이 자신을 괴롭힌다고 주장해도 별로 놀랍지 않을 것이다.

"그들은 자신의 몸이 전부
유리로 되어 있다고 믿었고
그래서 다른 사람이
가까이 오는 걸 못 견뎌 했다."

인간은 정말 털이 없는 유인원일까?

인간이 유인원이라는 건 틀림없는 사실이다. 흔히 하는 말이지만 인간과 침팬지는 무려 98.8퍼센트의 DNA가 같아 반박할 수도 없다. 그런데 인간과 유인원은 그렇게 밀접한 관계인데 영장류 중에 왜 인간만 털이 없는 걸까? 그동안 온갖 이론이 나왔지만 아직 고고학자와 고생물학자들로부터 전폭적인 지지를 받는 이론은 없다. 현재 크게 3가지 이론이 있다.

인간이 물속에서 살던 시기

첫 번째 이론은 인간이 원래 바다에서 살았다는 것이다. 인간이 진화 과정의 어느 시점에서는 적어도 부분적으로 물속에서 지냈다는 것이다. 고래나 돌고래처럼 완전히 물에서 사는 포유동물은 털이 없지만 물개처럼 물에 들어갔다 나왔다 하며 사는 포유동물은 털이 있다. 반半수생 포유동물인 인간이 왜 점점 매끄러운 피부를 갖게 됐는지는 모르나 원래 있던 털이 완전히 사라진 거라고 믿을 만한 설득력 있는 이유가 없다.

땀 배출을 방해하는 털

영장류 중에 유일하게 인간만 털이 없는 이유를 가장 잘 설명해주는 이론은 아마 인간에겐 땀을 흘릴 수 있는 능력이 있기 때문이라는 것이다. 인간은 땀을 많이 흘린다. 땀을 흘리는 건 체온을 식히는 가장 효율적인 방법인데 피부가 털로 수북이 덮여 있으면 제대로 땀을 흘릴 수가 없다. 인간은 약 300만 년 전에 넓은 초원 지대에서 사냥을 하기 시작한 걸로 추정되는데 초원에는 그늘을 만들어주는 나

무가 없어 땀을 효율적으로 흘리려면 몸의 털이 사라져야 했는지도 모른다. 만일 그게 사실이라면 '털이 없는 유인원'이 된 것이 아주 효과적인 진화 방식이었을 수도 있다.

해충 박멸을 위한 진화일까?

최근에 나온 세 번째 이론은 인간이 해충과 질병에서 벗어나기 위해 털을 버리는 쪽으로 진화했다는 것이다. 피부에 털이 없을 경우, 진드기와 이가 피부에 붙어 있기 어렵고 털어내기 쉬워지며 진드기와 이가 옮기는 질병 문제 역시 일거에 해결된다. 이 이론에 따르면 털이 없는 매끄러운 피부를 갖게 됨으로써 인간은 많은 피부 기생충 문제에서 벗어났다.

3가지 이론 중 어떤 이론이 정답일까? 수생 포유류 이론은 지지자가 별로 없지만 나머지 두 이론은 신봉자가 많다. 물론 완전히 새로운 이론이 등장해 기존 이론을 무력화시킬 가능성도 얼마든지 있다.

유인원의 행성

만일 진화론을 믿는다면 모든 인간이 유인원(또는 영장류, 영장류라는 표현이 훨씬 더 문명화된 것처럼 느껴지기 때문)이라는 걸 인정하는 것이다. 사실, 인간이 유인원과 아주 밀접한 관련이 있다는 사실을 받아들이는 건 쉽지 않다. 그럼에도 불구하고 인간만 갖고 있다고 여겨지는 많은 능력이 실은 다른 유인원도 갖고 있는 경우가 많다. 다른 네 손가락과 마주보고 있어 도구를 다루기 쉽게 해주는 엄지손가락은 원숭이와 다른 유인원에게도 있다. 웃는 것은 어떤가? 침팬지와 다른 몇몇 영장류도 간지럼을 태우면 웃는다. (심지어 쥐도 웃는 걸로 알려져 있다.) 두 다리로 걷는 것은 어떤가? 일부 유인원 종도 가끔 이족 보행을 한다. 도구를 사용하고 집을 만드는 것 역시 인간뿐 아니라 다른 영장류도 할 수 있다. 결국 인간은 우리가 생각하는 것만큼 독보적인 존재가 아닐 수도 있다.

실제로 늑대가 키운 인간 아이가 있었을까?

로마 건국신화에 나오는 로물루스Romulus와 레무스Remus 형제에서부터 소설 『정글북The Jungle Book』에 나오는 모글리Mowgli에 이르기까지, 야생동물이 키웠다는 신화나 소설 속 아이들은 얼마든지 있다. 그런데 늑대에 의해 키워졌다는 증거가 있는 사람이 실제로 있을까?

진짜 늑대가 키운 아이들일까?

인간 이외의 다른 동물에 의해 키워졌다는, 버려지거나 야생의 아이에 대한 이야기는 많다. 문제는 사실에 입각한 증거 제시가 어렵다는 것이다. 게다가 이런 이야기는 희망 사항이나 민간설화 또는 상업적인 목적에 의해 왜곡되는 사례가 많다. 관련 증거가 가장 많았던 사례 중 하나는 1920년대에 일명 '고다무리의 늑대 아이들'로, 두 인도 소녀 카말라와 아말라의 이야기다. 이 사례는 사진 증거도 많고

입소문도 많이 났지만 결국 두 아이를 '문명화시킨' 목사가 꾸민 거짓 소동이라는 이야기도 있다. 다른 많은 사례와 마찬가지로 이 두 소녀의 이야기 역시 모순이 너무 많았던 것이다.

늑대와 함께 네발로 달리던 라무

보다 최근 사례는 1985년에 있었던 늑대 소년 라무의 이야기로 라무가 죽은 직후 〈인도 타임스〉지에 의해 보도됐다. 전하는 이야기에 따르면 라무는 1979년 인도 우타르프라데시주 시골에서 발견됐는데 발견 당시 두 살쯤 됐던 이 아이는 어미 늑대가 이끄는 새끼 늑대와 함께 네발로 달리고 있었다고 한다. 야생에서 발견된 아이들이 흔히 그렇듯 라무는 끝내 말하는 걸 배우지 못했는데 인간의 언어는 유아 시절 다른 인간 사이에서 자연스레 익히

까다로운 식성의 늑대

늑대가 어째서 어린 인간을 잡아먹지 않았을까 하는 궁금증이 생기지 않는가? 늑대는 어린 인간을 맛있는 저녁거리라기보다 자기 새끼들의 놀이 친구로 보는 걸까?

아주 굶주린 늑대라면 어린아이를 잡아먹을지 몰라도 사냥에 관해서 늑대는 사실, 아주 사납다는 평판과는 달리 매우 보수적이다. 늑대는 익숙한 사냥감만 사냥하며 살아 있는 새로운 사냥감에 대해선 아주 신중하다. 그래서 어린아이가 바로 불행한 일을 당하지 않을 가능성이 높다. 그러나 늑대는 거의 모든 형태의 썩은 고기를 먹기 때문에 인간의 시신을 발견한다면 아마 그것은 먹을 것이다. 일단 인육의 맛을 보게 된다면 아마 계속 먹으려 할 것이다.

지 못하면 훗날 배우는 게 아주 힘들기 때문이 아닌가 한다. 다른 많은 이야기와 달리 여러 증거로 미루어 보아 라무의 이야기는 꾸민 이야기는 아닌 듯하며 현재까지 나온 늑대 아이 이야기 중에서 가장 진짜에 가까운 이야기로 전해진다.

나중에 라무를 돌본 사람은 친엄마가 들판에서 아이를 낳은 뒤 풀숲에 두고 떠났고 이미 자기 새끼를 낳아 기르고 있던 암컷 늑대가 우연히 아이를 발견해 자기 새끼들과 함께 키운 걸로 믿었다. 라무는 자신의 어린 시절 이야기를 그대로 들려줄 기회가 없었다. 대부분의 늑대 아이들처럼 어린 나이인 10세 무렵, 말을 배우기도 전에 세상을 떠났다.

흡연이 건강에 좋았던 적이 있었다고?

당연히, 흡연이 건강에 좋았던 적은 절대 없다! 지금은 상상하기도 힘든 일이며 유럽에 처음 도입된 직후부터 담배는 건강에 해로울 수 있다는 경고가 있었다. 하지만 잠시, 담배가 건강에 도움이 된다고 믿을 때가 있었다.

영국의 담배 반대령

월터 롤리Walter Raleigh 경의 친구이자 영국에 처음 담배를 들여온 사람인 토마스 해리엇 Thomas Harriot은 1621년 구강암으로 죽었다. 그전인 1604년에 이미 영국 제임스 1세는 '담배 반대령'을 선포해 흡연 습관은 '뇌에 해롭고 폐에 위험하다'며 담배를 비난했다. 그러나 담배는 워낙 돈이 되는 수입품이었고 결국 왕은 담배에 부과한 엄청난 세금을 철회하고 흡연을 합법화했다.

기침감기와 담배

19세기 중엽부터 흡연이 암과 심장 질환에 미치는 영향이 점점 분명하게 드러났다. 그러면서도 담배가 해로운 건

전혀 안 피는 것보다는 너무 많이 피웠을 때라는 걸 강조하는 광고가 많았다. 심지어 목이 간질간질한 기침에는 흡연을 권한다는 광고까지 있었다. 20세기 초에는 흡연이 매력적인 일로 여겨지기도 했다. 1910년 컬럼비아대학교의 조지 메이란George Meylan 박사는 이런 말을 했다. "건강한 성인 남성의 경우 적당한 흡연이 측정할 수 있을 정도로 건강에 이롭다거나 해롭다는 과학적 증거가 없다." (흡연이 이롭지도 해롭지도 않다는 얘기인데 '건강한 성인 남성의 경우'라는 전제가 붙었다는 데 주목할 필요가 있다.)

임신부에게 담배를 권하는 의사

1940년대까지만 해도 의사들은 과민한 임신부에게 흡연이 불안감을 덜어준다는 말을 했다. 〈미국 의학협회 저널〉 같은 의학 분야 정기간행물에는 여전히 담배 광고가 실렸고 심지어 흰 가운을 걸친 의사가 담배를 피는 모습과 함께 이런 문구를 단 광고도 있었다. "의사는 그 어떤 담배보다 카멜을 많이 핍니다." 그러나 1950년대에서 1960년대 사이에 흡연은 공식적으로 건강에 해로운 식품이 된다. 1964년 1월 미국 의무감이 기자회견을 열어 단호한 어조로 흡연은 폐암을 일으킨다고 선언해, 마침내 흡연에 반대하는 전선이 구축된다. 담배를 피우는 건 자유지만 더 이상 담배업계조차도 담배가 무해한 습관이라는 거짓말은 할 수 없게 되었다.

최고급 방사능 강장제

건강에 좋다고 잘못 인식된 물질은 담배뿐이 아니다. 20세기 초, 모든 종류의 제품에 방사능 열풍이 일었다. 당시 〈전미 임상의학 저널〉에 실린 한 기사는 오늘날 기준에선 도무지 믿을 수 없는 말로 방사능 예찬론을 펼쳤다. "방사능은 정신이상을 예방하고 고상한 감정을 갖게 하며 노화를 지연시키고 삶을 즐겁고 멋지고 젊게 만들어준다." 라듐이 함유된 강장제 라디토르는 비싼 가격에도 불구하고 이 모든 놀라운 효과를 즐기고자 하는 사람에게 날개 돋친 듯 팔렸다. 열렬한 라디토르 팬이던 유명한 미국 기업가 에벤에셀 바이어스Ebenezer Byers는 심한 팔 부상에 쓸 진통제로 이 제품을 처방받아 1927년부터 규칙적으로 마셨다. 그 결과 그는 1932년에 세상을 떴으며 이런저런 연구가 나온 몇 개월 후, 결국 라디토르는 판매 중지된다. 바이어스의 죽음에 바쳐진 〈월스트리트 저널〉의 조의문은 신랄했다. "라듐액은 효과가 너무 좋다 못해 그를 죽음으로 내몰았다."

토머스 페인의 시신은 대체 어떻게 된 걸까?

오늘날에는 누군가가 죽으면 대개 둘 중 하나를 택한다. 시신을 매장하든가 아니면 화장한다. 두 방법 모두 아주 복잡한 규정에 따라 진행해야 한다. 하지만 과거에는 장례 관련 규정이 많지 않았다.

영국에서 일어난 추모 물결

영국에서 태어나 미국에서 활동한 철학자 겸

혁명가 토머스 페인Thomas Paine의 시신은 온갖 소문과 미신과 전설과 구전설화의 소재가 된다. 그의 유해가 사라졌기 때문이다. 1809년 미국에서 세상을 떠났을 때, 이 위대한 정치 이론가는 몇 년간 정치 분야에서 인기 없이 가난하게 살고 있었다. 페인은 자신이 죽은 뒤 뉴욕주 뉴로셸에 있는 퀘이커 교도 묘지에 매장되길 원했으나 퀘이커 교도의 거부로 결국 자신의 농장 구내에 매장됐다. 한편 그가 태어난 영국에서는 페인의 몇몇 지지자들이 '혁명의 아버지'인 그의 매장지가 너무 초라해 페인을 조국으로 데려와야 한다고 주장했으며 페인 추모에 기금도 마련했다.

편히 잠들지 못한 유해

저널리스트이자 페인의 친구이기도 했던 윌리엄 코빗 William Cobbett은 막연히 생각만 한 게 아니라 직접 행동에 나섰다. 페인이 죽은 지 10

년쯤 됐을 때, 코빗은 배를 타고 뉴욕으로 건너가 페인의 관을 파냈고 시신을 자루에 담아 영국으로 돌아왔다. 코빗의 이 같은 행동은 반감과 조롱을 불러일으켰다. 바이런 경Lord Byron까지 그의 행동을 비꼬는 글을 썼다. 게다가 페인은 사후에 인기가 사라져 사람들이 페인 기념물 제작은 고사하고 추모 만찬을 위한 모금 활동에조차 관심을 주지 않았다.

코빗은 페인의 썩어 가는 두개골에서 머리카락을 잘라낸 뒤, 그걸로 추모 반지를 많이 만들었으나 그마저도 가져가는 사람이 거의 없었다. 결국 코빗은 페인의 뼈를 상자에 담아 다락방에 넣어두었고 페인의 뼈는 1835년 코빗이 세상을 뜰 때까지 방치됐다. 코빗의 집기는 전부 팔렸는데 페인의 뼈는 가까스로 경매에 올라가는 걸 면했다. 대신 페인의 또 다른 친구 벤자민 틸리Benjamin Tilly에게 넘어갔고 틸리가 1869년 세상을 뜰 때까지 페인의 뼈를 지켰다. 그 후 페인의 뼈는 행방이 묘연해졌다. 여러 사람들이 페인의 뼈를 전부 또는 일부 갖고 있다고 주장했지만 아직 진짜 페인의 뼈는 찾지 못했다.

혁명의 단추

토머스 페인의 시신과 관련된 가장 희한한 소문 중 하나는 그의 뼈를 잘게 잘라 단추를 만든 뒤 혁명의 대의를 위해 판매했다는 것이다. 실제로 그렇게 단추를 만들어 팔았을 수도 있겠지만 출처가 불분명한 소문이었다. 당시에도 일부 사람들은 그런 단추가 너무 많아 적어도 10명분의 뼈가 있어야 할 지경이라며 그런 소문에 혀를 찼다.

인간이 원래 물속에서 살았다는 게 사실일까?

진화 과정과 관련된 모든 이론 중 아마 가장 많은 논란을 불러일으킨 이론은 인간이 물에서 살았다는 이론일 것이다. 1960년대 처음 제기된 이 이론은 오늘날 주류 역사학에서는 거의 묵살되지만 여전히 많은 지지자가 있고 이론이 사실이라는 주장 역시 계속된다.

수생 유인원 이론의 시작

인간이 물에서 산 적이 있다는 이론은 1960년 저명한 해양 생물학자 알리스터 하디Alister Hardy 경이 〈뉴 사이언티스트〉지에 게재한 논문 〈인간은 과거에 지금보다 물에 더 가까운 삶을 살았나?〉로 조용히 시작됐다. 이 논문은 훗날 '수생 유인원 이론'으로 알려지는 이론의 기본 아이디어를 담고 있었으며 1967년에 발표된 데즈먼드 모리스 Desmond Morris의 유명한 인간 진화 연구 〈털 없는 유인원The Naked Ape〉에서도 잠시 언급됐다. 이 이론은 1982년에 여러 유명한 과학 저서의 저자이자 대본 작가 일레인 모건Elaine Morgan이 『수생 유인원The Aquatic Ape Hypothesis』을 발표하면서 다시 주목을 받는다.

수생 유인원의 화석은 어디에?

하디의 원래 이론은 아주 온건했다. 그는 털이 없는 점, 매끄러운 몸, 드문 수준의 호흡 조절 능력, 두터운 피하지방층 등 호모사피엔스의 여러 특징은 인간이 물과 밀접한 관련을 맺고 살았다는 증거라고 주장했다. 그러나 시간이 지나면서 이 이론을 반박하는 주장이 많이 나왔는데 그중 가장 유력한 주장은 수생 유인원 이론을 뒷받침하는 화석 기록이 없다는 것이다. 초기 인류의 화석이 육지에서 점점 더 많

이 발견되고 있는데 대부분의 그 육지가 역사적으로 숲이나 초원이었지 수생 서식지는 아니었다.

매력적이지만 잘못된 이론

또 다른 문제는 인류학자들이 수생 유인원 이론의 허점을 메우는 과정에서 생겼다. 초기 인류가 물에서 살았다는 생각은 납득이 갈 만큼 단순하지만 처음 이 이론을 뒷받침하는 듯했던 진화상의 적응 현상이 몇 백만 년에 걸쳐 바다나 강에서의 삶이 가능했을 것 같지 않은 기간과 지역에서도 일어났다는 게 입증되었던 것이다.

그 중간 어디쯤

2009년 하버드대학교의 영장류 학자 리처드 랭엄Richard Wrangham은 초기 인류는 수생 생활이나 반半수생 생활이 아닌 물가 생활을 했으며 먹을 게 없어 힘든 시기에 수생식물과 뿌리(육지 식물에 비해 1년 내내 이용 가능한 경우가 많다)를 이용해 영양을 보충했다고 주장했다. 주기적으로 범람하는 초원 지대에 사는 유인원은 지금도 똑바로 서서 물을 건너는 경향이 있다. (균형을 잡기 더 쉽기 때문이다.) 예를 들어 콩고에서는 침팬지가 범람한 강을 걸어서 건너는 경우가 많은데 이런 일은 랭엄의 주장을 뒷받침한다. 인류의 조상은 물속에서 살았다기보다 물가에 살면서 물을 건너다니는 삶을 산 건 아닐까? 어쨌든 수생 유인원 이론은 아직 입증된 바 없지만 완전히 사그라들 기미도 보이지 않는다.

악어도 무섭다

수생 유인원 이론 지지자들은 초기 인류의 입장에선 물이 육지보다 더 안전한 서식지였다는 주장도 한다. 사자, 호랑이 같이 큰 고양잇과 동물을 피할 수 있기 때문이다. 그러나 반대론자들은 그렇지 않다고 반박한다. 물속에는 악어가 많았는데 악어 역시 사자, 호랑이 못지않게 위험했을 테니 말이다.

인간도 동면을 한 적이 있을까?

인간은 아주 일찍부터 털이 없었는데 어떻게 추운 겨울을 견딜 수 있었을까? 얼핏 보기에는 동면이 분명한 해결책으로 보인다. 먹을 게 있을 때 실컷 먹어두고 가장 추운 몇 개월은 잠을 자 신진대사를 급격히 줄인다. 봄이 오면 배고프지만 맑은 정신 상태로 깨어나 다시 밖에 나가 사냥을 한다!

불을 지펴 체온을 유지하는 쪽으로

과학계에서는 이구동성으로 동면은 아니라고 한다. 진화 과정에서 인간이 동면했다는 걸 보여주는 증거는 전혀 없다. 일반적으로 인간은 아주 낮은 기온에 대한 저항력이 약하다. 동면을 하는 겨울잠쥐는 섭씨 영하 1도의 체온 상태에서도 살아남을 수 있지만 인간은 체온이 정상 체온인 섭씨 37도에서 단 몇 도만 떨어져도 문제가 생긴다. 게다가 인간은 진화 과정에서 약 10만 년 전(이 무렵에 인간은 이미 불을 사용할 줄 알았다) 비교적 따뜻한 지역을 떠나 보다 추운 지역으로 이동하기 시작했다. 10만 년이면 매우 긴 세월 같지만 진화 측면에서는 그렇지 않다. 특히 집 안에서 따뜻한 불을 지필 수 있는 상황에서 인간이 동면하는 동물로 진화되기에는 너무 짧은 기간이다.

의학적 동면 유도

인간이 동면을 했다는 증거가 없음에도 불구하고 일종의 동면 유도라는 아이디어가 관심을 끌고 있다. 이미 많은 외과의사가 복잡한 수술을 할 때 환자의 체온을 떨어뜨리는 방법을 쓴다. 심장박동 수를 낮추고 신진대사 속도를 늦춰 시간도 벌고 잠재적인 트라우마도 줄인다. 일부 전문가들은 이제 체온을 더 많이 떨어뜨려 환자를 일종의 가사 상태에 빠지게 하는 방법을 연구 중이다.

역사와 인체

HISTORICAL BODIES

인간의 몸은 늘 같은 방식으로 움직이지만 과거에는 인간의 몸을 아주 다르게 본 경우가 많다. 퀴즈를 통해 인류의 조상에 대해 얼마나 알고 있는지 확인해 보라.

Questions

1. 나폴레옹 콤플렉스는 다음 중 어떤 사람들에게 적용되는가?

   a) 코르시카섬 사람 b) 키가 작은 사람

2. 시베리아에서는 어떤 초기 인류가 나타났는가?

3. 늑대는 식성이 까다롭다. 맞을까 틀릴까?

4. 저널리스트이자 정치 활동가였던 토머스 페인의 뼈는 어떤 특수한 용도로 쓰였다고 전해지는가?

5. 인간 외에 간지럼을 태우면 웃는 종을 2개 말해 보라.

6. 프랑스의 어떤 왕이 자신의 몸이 유리로 되어 있다고 믿었는가?

7. '늑대 소년' 라무는 인도의 어떤 주에서 발견됐는가?

8. 영국의 제임스 1세는 흡연의 강력한 지지자였다. 맞을까 틀릴까?

9. 방사능이 함유된 물은 사람의 건강에 좋은가?

10. 고고학자들이 인간은 결코 물속에서 산 적이 없다고 생각하는 이유를 하나 말해 보라.

Answers

정답은 209페이지에서 확인하세요.

성형수술은
언제 처음 개발됐을까?

몸을 100퍼센트 문신으로 덮을 수 있을까?

지난 40여 년간 문신은 대중적인 유행의 하나가 되었다. 2017년에 실시된 한 여론조사에 따르면 18세부터 69세까지의 미국 성인 가운데 약 40퍼센트가 문신을 한 것으로 추정됐다. 문신이 일반화된 것이다.

돈도 많이 들고 고통스럽고

일부 열렬한 문신 팬은 팔 하나 가득 문신을 하거나 동시에 2가지 디자인의 문신을 한다. 그런데 약간의 문신을 하는 정도가 아니라 훨씬 더 많은 문신을 하고 싶어 하는 극단적인 문신 팬의 경우는 어떨까? 몸 전체에 문신을 하는 것도 가능할까?

우선 비용이 많이 들 것이다. 대부분의 문신 전문가들은 시간당 돈을 받는다. 문신 패턴이 얼마나 예술적이고 촘촘한가에 따라 시간이 아주 오래 걸릴 수 있다. 스타급 문신 전문가들은 항상 예약이 밀려 있으며 손님도 가려받는다. 고통 또한 상당할 것이다. 대부분은 고통스럽다기보다는 따끔따끔하다고 표현하지만 단순한 디자인이라도 문신을 몸 전체에 하려면 적잖은 불쾌감을 감수해야 할 것이다. 특히 예민한 부위는 더 그렇다.

신체 개조

극단적인 문신은 일명 '신체 개조' 시장에서 볼 수 있는 개조 작업 중 하나다. 진정한 신체 개조 팬은 여기서 한 발 더 나아가 극단적인 피어싱, 혀를 포크처럼 가르기, 뿔이 나거나 비늘이 있는 것처럼 보이게 하는 피부 이식, 피부를 도려내거나 상처 내서 패턴을 만드는 '스카리피케이션 scarification' 같은 것을 한다.

문신이 어려운 부위

단순한 피부가 아닌 다른 신체 부위는 어떨까? 손톱이나 안구 같은 부위는 문신이 가능할까? 손톱의 경우 문신을 하기는 쉬우나 계속 손톱이 자라기 때문에 오래 가지 않는다. 손톱을 깎을 때마다 새로 네일 아트를 받아야 한다. 손톱 문신을 해본 사람들은 바늘이 손톱을 파고드는 느낌이 매우 괴로워 피부 문신을 할 때보다 훨씬 더 힘들

다고 한다.

혀는 어떨까? 웩! 그러나 맞다, 혀도 문신을 할 수 있다. 표면이 고르지 않아 약간 조잡한 결과가 나오겠지만 말이다. 혀는 워낙 사용을 많이 해 몸의 다른 부위보다 문신이 빨리 닳아 없어진다.

눈은 어떨까? 눈의 흰자위에 해당하는 공막에 색을 입힐 수는 있다. 그러나 2007년에 공막 문신으로 인기 높았던 문신 전문가 루나 코브라Luna Cobra도 그것이 안전한 일은 아니라는 데 동의한다. 문신 전문가가 눈에 색을 주입하기 위해 바늘이 아주 살짝, 안구를 덮고 있는 결막 바로 아래까지 들어가야 한다. 그런 다음 그곳에 선택한 색을 집어넣는 것이다. 안구 에는 디자인 문신을 할 수 없으며 이 기술은 문신보다는 염색에 더 가깝다. 그리고 과정이 위험하다. 잉크를 과다 주입하면 색이 얼굴의 다른 부위에까지 퍼져 원치 않는 곳에 잉크 자국이 생긴다. 그 결과 심한 두통을 느끼거나 빛에 더 예민해지거나 일시적으로 눈이 멀게 되거나 심각한 감염을 경험할 수 있다. 그렇다! 결론적으로 몸 전체에 문신을 할 수는 있지만 비용이 많이 들고 매우 고통스런 방법으로 건강을 해칠 수 있다.

성형수술은 언제 처음 개발됐을까?

오늘날 사람들은 성형수술 하면 대개 현대미술 정도로 생각한다. 아마 성형수술 하면 제일 먼저 떠오르는 게 가슴이나 엉덩이 모양을 보완하고 얼굴 주름을 제거하는 등 '개선' 수술이다. 하지만 최초의 성형수술은 고대에 상처나 질병으로 인한 피부 손상을 바로잡기 위해 개발됐다.

초창기의 성형수술

성형수술에 대한 얘기가 처음 나온 책은 기원전 6세기 때 인도 치유사 수슈루타가 쓴 의학서 『수슈루타상히타』이다. 그는 이 책에서 각종 질병 치료와 약용식물에 대해 자세히 설명하고 피부 이식(몸의 다른 부위에서 떼 온 피부로 상처 부위를 때우는 기술)과 코 재건 수술에 대한 얘기를 한다. 최초의 용비술이라 할 수 있는 코 재건 수술에서 수슈루타는 이마의 피부를 떼와 손상된 코에 접목시키는 방법을 썼다.

그로부터 700년 후, 로마 의사 아울루스 코르넬리우스 켈수스Aulus Cornelius Celsus도 훨씬 방대한 자신의 의학 백과전서 『디 메디시나De Medicina』에서 피부 이식과 재건 수술에 대한 얘기를 하고 있다.

팔뚝 피부가 코에 정착할 때까지

아마 유럽에서 가장 선구적인 성형외과 의사는 안토니오 브랑카Antonio Branca일 것이다. 그는 시칠리아 출신의 외과의사 아들로 '이탈리아식' 피부 이식과 재건 수술법을 만든 걸로 알려졌다. 독일인 하인리히 폰 프홀스페운

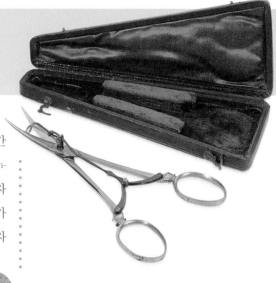

트Heinrich von Pfolspeundt는 1460년에 출간한 저서 『코 성형술에 관한 책Buch der Bündth-Ertznei』에서 브랑카의 수술법을 놀랄 만큼 자세히 기록했다. 외과의사는 먼저 양피지나 가죽으로 일종의 코 견본을 만든 뒤, 그걸 환자의 팔뚝에 대고 표시를 한다. 팔뚝의 피부를 그 모양대로 도려내 성형 코를 만든 뒤 코 아래쪽을 팔뚝에 붙인다. 팔뚝을 얼굴 쪽으로 들어 올려 팔뚝 피부에서 도려낸 성형 코를 실제 코에 맞춰 꿰맨다. 피부가 이식되는 데는 10일 정도 걸렸고 그동안 환자는 접합 부위가 떨어지지 않도록 팔을 얼굴에 고정해 붕대로 묶은 상태로 지냈다. 정해진 시간이 지나 성형 코 아래쪽을 잘라내면 비로소 팔을 자유롭게 쓸 수 있었으며 마지막으로 성형 코의 아래쪽을 콧구멍 근처에 꿰맸다. 브랑카의 코 이식술은 이식을 하는 동안에도 피부가 원래의 부위에 그대로 부착돼 있어 환자 입장에서는 스트레스 쌓이는 일이었겠지만 피부는 원래 상태 그대로 살아 있을 수 있었다.

왜 'plastic' surgery라고 할까?

성형수술은 영어로 plastic surgery인데 이 말은 18세기 후반 파리의 라 샤리떼 및 오텔-디외 병원의 외과의사이자 교육 전문 교수이던 피에르-조셉 드소Pierre-Joseph Desault가 만들었다. 그는 상처 및 얼굴 기형을 바로잡거나 개선하기 위한 수술, 특히 피부 이식수술과 관련해 '플라스티코스 plastikos('주조할 수 있는'이라는 뜻을 가진 그리스어)'란 말을 처음 쓴 사람이다. 드소는 많은 학생들에게 수술 현장을 공개해 자신의 혁신적인 방법과 기술을 따르는 새로운 세대의 외과의사를 양성했다.

새까만 치아가 미인의 상징이었다고?

사람들은 치아를 가능한 깨끗하고 하얗게 유지하려고 칫솔질을 하고 치실을 쓰고 미백을 한다. 그런데 치아는 늘 하얀색이 가장 선호되는 색이었을까? 다른 색이 더 유행한 시대나 지역은 없었을까?

검은 치아를 선호하는 오하구로

어떤 사회에서든 누런색 치아가 유행했다는 기록은 없지만 특히 극동 지역에선 검은색 치아가 인기를 누렸던 시기가 있었다. 라오스와 베트남에는 치아를 검게 물들이는 전통이 있었고 일본에서는 '오하구로'라 불리는 풍습이 몇 세기 동안 인기를 누렸다. 새하얀 얼굴 화장과 대조되는 검은색 치아는 헤이안 시대(9~12세기)의 특정 시점에 인기를 끌기 시작했고 에도 시대가 끝나던 19세기 말까지도 유행이 계속됐다. 하얀색 치아는 존경받지 못했고 작가들은 누군가의 입안에서 하얀 치아가 반짝이는 걸 매력적이지 못한 걸로 생각해 입안에 벌레가 가득 들었다고 비유했다. 처음 오하구로 풍습은 주로 상류층에서 지켜졌으나 세월이 흐르며 사회 전 계층으로 번져 나갔고 남성보다는 여성에게 더 인기가 있었다.

유행을 선도한 검은색

전통적으로 일본 문화에서 검은색은 많은 사랑을 받았으며 매우 아름다운 색으로 여겨졌다. 오늘날 새하얀 치아가 그렇듯 새까만 치아도 높이 평가됐다. 치아를 까맣게 물들이기 위해 염료를 만들고 마시는 노력은 오늘날 하얀

치아를 갖기 위한 노력(오랜 기간의 미백과 라미네이팅 등)에 못지않게 대단했다.

까맣게 물들이는 방법

먼저 석류 껍질로 치아를 문질러 검은색을 물들이기 쉽게 준비했다. 염료는 철심으로 만드는 액체인 '카네미주'와 차를 섞어 만들었다. 혼합물이 검게 변하자마자 마시면 치아도 검게 물들었다. 검은색을 계속 유지하려면 거의 매일 염료를 마셔야 했는데 금속 맛이 나는 이 염료는 마시기 역해 향신료를 섞어 맛을 냈다.

1873년 일본 천황 부인이 자연스런 하얀색 치아 상태로 공개 석상에 나타나 사람들에게 상당한 충격을 안겨주었다. 그녀는 일본이 외부 세계에 문호를 개방해 과거와 결별하고 현대화 과정을 밟는 것을 적극 지지했고 사실 오하구로 풍습도 그로부터 3년 전, 1870년에 이미 금지된 상태였다. 그러나 오랜 유행이 사라지는 데는 시간이 필요했다. 오늘날에는 주로 게이샤와 마이코(견습 게이샤)만이 가끔 치아를 검게 물들인다.

충치는 부의 상징?

영국에서도 튜더왕가 시대에 잠시 검은색 치아가 유행한 적이 있다. 16세기에 수입 설탕이 시판됐는데 그 값이 말도 못하게 비쌌다. 그런데 설탕은 치아를 썩게 해 까맣게 만들었고 검은색 치아는 그 사람의 부와 특권의 상징으로 여겨졌다. 그렇지만 패션을 위해 치아가 썩어 나는 입 냄새 문제는 어떻게 해결했는지 알려진 바가 없다.

남성은 왜 더 이상 하이힐을 신지 않게 됐을까?

어쩌면 이 질문은 '남성은 처음에 왜 하이힐을 신게 됐을까?'로 바꾸는 게 옳을지도 모르겠다. 남성이 하이힐을 신게 된 이유는 실용성 때문이다. 말을 탈 때 힐을 신으면 발이 발걸이에서 미끄러지지 않았다. 실제로 페르시아 기병의 부츠가 남성이 처음 신은 힐이다.

말 탈 때 신는 호전적인 신발

페르시아군은 말을 탄 채 활을 잘 쏘는 걸로 유명했다. 그러기 위해 발걸이를 밟고 서서 활을 쏴야 했는데 굽이 있는 신발을 신으면 발이 미끄러지지 않아 효율적으로 활쏘기가 가능했다. 16세기 말 페르시아의 왕 샤 압바스는 유럽에 사절단을 보내 점점 강성해지는 오스만제국을 격퇴하는 데 필요한 도움을 요청했다. 당시 사절단의 새롭고 이국적인 의상과 굽이 있는 신발은 사람들의 관심을 끌었고 곧 사절단 의상의 특징이 유럽 궁중에서 유행했다. 초기의 하이힐에는 여성적인 면이 전혀 없었고 오히려 군대와 관련이 있어 그 속에 담긴 메시지가 남성적일 뿐 아니라 호전적이기까지 했다.

계급을 드높이는 화려한 상징

말을 탈 때가 아니면 하이힐은 걸을 때 실용적이지 못했는데 그게 또 다른 매력이었다. 귀족은 육체노동을 할 필요가 없었고 우아한 하이힐이 그런 점을 부각시키는 데 적격이었다. 결국 하이힐은 왕족 사이에서 인기를 얻어 영국의 찰스 2세와 프랑스의 루이 14세는 지나칠 만큼 우아하고 값비싼 하이힐을 신었다. 키가 가까스로 당시의 평균인 162센티미터쯤 됐던 루이 14세는 화려하게 장식된 부츠와 신발을 신었는데 굽을 무려 10센티미터나 높였다. 그의 신발은 새빨간 밑창을 댄 새빨간 힐이었으며 심지어 귀족만 빨간색을 쓸 수 있다는 규칙까지 만들었다. (거의 4세기 후 디자이너 크리스찬 루부탱Christian Louboutin은 이와 유사한 독점 사용권을 주장한다. 법정에서 빨간 밑창에 대한 독점권을 주장해 결국 빨간 밑창을 자신의 트레이드마크로 만든 것이다.)

힐의 종말

앞장선 건 남성이었지만 곧 여성이 뒤를 따랐고 유럽 귀족들에겐 하이힐이 대세가 되었다. 그러나 늘 그렇듯 패션이 바뀌고 17세기에 들어와 유럽에 '이성의 시대'가 도래하면서 특히 남성의 의상은 수수하고 진지해졌다. 화려한 자수와 밝은색, 정교한 천은 다 사라지고 18세기 중엽에는 남성의 신발도 다시 평평해졌으며 장식이 사라졌다. 여성의 신발 역시 비교적 굽이 낮아지고 수수해졌다. 하이힐은 19

세기 중엽에 한 번 더 유행하지만 남성용 힐은 두 번 다시 예전 같은 인기를 얻지 못했다. 물론 눈에 띄지 않게 작은 남성의 키를 2.5~5센티미터 정도 커 보이게 하는 신발은 나왔다. 1970년대에는 밑창 자체가 높은 남녀 신발이 1~2년 잠시 유행하기도 했다.

카우보이 패션

남성다운 하이힐의 마지막 피신처는 아마 카우보이 부츠일 것이다. 페르시아 기병의 부츠와 마찬가지로 카우보이 부츠 역시 발이 발걸이에서 미끄러지지 않게 하는 목적이 있고 키도 5센티미터 정도 더 커 보이게 한다. 전통적인 카우보이 부츠는 쿠바식으로 늘 경사가 져 있다.

중국의 전족은 대체 무슨 용도였을까?

중국 여성이 전족을 하는 풍습은 거의 10세기나 계속됐다. 단순한 유행이라고 보기에는 너무 오래 지속된 것이다. 전족은 여성의 발을 변형시켜 거의 쓸모없게 만들기 때문에 오늘날 관점에서 보면 아주 끔찍한 풍습이다. 전족의 실제 용도는 무엇이었을까?

황금 연꽃 위의 작은 발

'연꽃 발' 즉, 전족의 유래에 얽힌 중국 전설은 다음과 같다. 10세기 때 황제 리 위의 총애를 받던 첩 중 하나가 그를 위해 춤을 췄는데, 리본을 묶은 작은 두 발로 황금빛 연꽃 위에 사뿐 내려앉았다고 한다. 물론 이는 출처가 불분명한 이야기로 여성의 발을 꽁꽁 묶어 유지

하는 풍습을 합리화하기 위해 생겨난 것으로 보인다.

발을 묶는 고통스런 과정

전족을 만드는 일이 '성공'하기 위해서는 여자아이가 아주 어릴 때, 3세 무렵 뼈가 부드러워 원하는 모양으로 만들기 쉬울 때부터 시작해야 했다. 먼저 발을 흠뻑 적신 뒤 구부려 엄지발가락이 발뒤꿈치에 닿아 자연스런 아치 모양이 되지 못하게 한다. 그리고 나머지 네 발가락은 발바닥 밑으로 쑤셔 넣어 나중에 발목에서 바로 밑을 향해 삼각형 모양이 되게 만든다.

20세기 말에 인터뷰에 응한 중국 여성은 전족을 만드는 첫 한두 해는 극심하게 고통스럽지만 그 시기가 지나면 발이 무감각해지면서 잔뜩 쪼그라든 형태로 굳어 간다고 했다. 이런 과정을 거친 여성은 쉽게 걸을 수도 멀리 갈 수도 없다. 쪼그라든 발은 맨발 상태에선 보기 흉해 화려하게 장식되거나 정교한 수가 놓인 신발을 신는 경우가 많았다.

다. 예를 들어 여성이 고기 잡는 데 필요한 그물을 짜고 깁고 만들었는데 이는 가정경제를 지탱하는 중요한 요소였다는 것이다. 그래서 전족은 여성으로 하여금 걷는 걸 아주 어렵게 만들어 집에서 일만 하게 했다고 한다. 그러다 이런 일이 공장에서 이루어지면서 여성을 집에 붙잡아 두는 것이 경제적으로 의미가 없어졌고 전족도 사라지게 됐다는 것이다.

신분 과시에서 노동력 착취로

전통적으로 전족은 사회적 신분의 상징이었으며 일할 필요가 없는 여성의 경제적 '과시'였다. 보다 매력적으로 보여 결혼을 잘하기 위한 여성의 미적 집착 같은 것이었다. 주로 중국 한족에 국한되기는 했으나 시간이 지나면서 귀족층을 벗어나 사회 각계각층에까지 폭넓게 퍼졌다.

2017년에 출간된 『묶인 발, 젊은 손들Bound Feet, Young Hands』에서 캐나다 맥길대학교와 미국 센트럴미시간대학교의 인류학자는 전족은 여성이 일할 필요가 없다는 걸 보여주기 위해 생겼다는 관점과 전혀 다른 관점을 제시했다. 중국 사회에서는 상당 부분의 경제활동이 집 안에서 여성에 의해 행해졌다고 주장한

작은 발, 더 작은 발, 가장 작은 발

작은 발을 가진 여성일수록 큰 명예가 주어지는 식으로 전족의 크기는 연꽃 등급으로 평가됐다. 우선 길이가 7.5센티미터 정도밖에 안 되는 가장 작은 발에는 '황금 연꽃' 발이라는 명예가 주어졌다. 길이가 10센티미터 정도 되는 발은 '은 연꽃' 발, 12.5센티미터 정도로 여전히 작지만 상대적으로 큰 발은 '철 연꽃' 발로 분류됐다.

79

속눈썹도 이상적인 길이가 있을까?

머리카락은 자르지 않을 경우 대개 계속 자라 적어도 어깨까지는 닿는다. 몸에 나는 다른 털의 길이를 결정짓는 건 무엇일까? 속눈썹은 일정 수준 이상은 자라지 않는 듯한데 왜 그럴까?

기능적으로 완벽한 3분의 1

미학적인 관점에서 속눈썹은 눈을 매력적으로 보이게 만드는 틀이기도 하지만 그 자체로 실용적인 기능을 갖고 있다. 먼지나 기타 자극물이 예민한 눈 표면에 닿지 못하게 하고 안

구 주변의 공기 흐름을 제어해 안구가 건조해지는 걸 막아 준다. 2015년 조지아공과대학교 연구 팀은 이런 기능을 가장 효율적으로 수행하는 데 적절한 속눈썹 길이가 따로 있는지를 알아보기 위해 연구에 착수했다. 바람 터널 안에서 실험을 한 결과 가장 이상적인 포유동물 속눈썹 길이(속눈썹은 인간뿐 아니라 모든 포유동물에게 있다)는 눈 전체 길이의 3분의 1이라는 결론을 내렸다. 속눈썹은 대개 그 이상 자라지 않는데 너무 길면 속눈썹이 제 기능을 하는 데 방해가 되기 때문이다. 그래서 속눈썹 길이를 지나치게 늘리는 화장품, 특히 마스카라는 눈에 좋지 않다. 마스카라를 칠해 길게 늘린 속눈썹으로 같은 테스트를 한 결과, 공기의 흐름을 최적 상태로 제어하지 못해 눈을 보호하는 기능이 상당 부분 방해를 받았다. 물론 더 나쁜 것은 속눈썹이 아예 없는 경우였다.

모낭 속에서 벌어지는 일

신체의 모든 털은 모낭에서 자란다. 인간은 태어날 때부터 평생 유한한 수의 모낭을 갖고 산다. 모낭이 휴업 상태에 들어가면 털이 가늘어지며 모낭이 아예 폐업을 하면 털 또한 사라진다. 유전적인 대머리의 경우 모낭이 오그라들고 얇아져 머리카락이 드문드문 나고 가늘어진다. 그러다 결국 모낭이 완전히 폐업한다. 그러나 몸이 스스로 자신의 모낭을 공격하는 특정 질환 즉 탈모증에 걸린 게 아니라면 머리카락은 빠져도 속눈썹이나 눈썹이 빠지는 경우는 매우 드물다.

신체 털의 수명

머리에 나는 털, 즉 머리카락이 몸의 다른 부위에 나는 털보다 더 오래가는 이유는 뭘까? 다른 부위에 나는 털과 서로 다른 수명을 갖고 있기 때문이다. 모든 털은 3단계, 즉 활발한 성장 단계(성장기), 정체 단계(퇴행기), 탈모 단계(휴지기, 휴면 상태를 지나 털이 빠지는 시기)를 거친다. 서로 다른 시간표에 따라 3단계를 거친다. 머리카락은 5~6년 정도 자라다 퇴행기(머리카락이 자라지도 빠지지도 않고 그대로 있는 시기)에 이른다. 반면에 겨드랑이 털이나 음모(남성의 경우 가슴털을 포함한다)는 그 사이클이 훨씬 짧아 기껏해야 45일이다.

81

남성은 왜 수염을 깎기 시작했을까?

보통의 남성은 뺨과 턱에 2만 5,000개 정도의 모낭이 있어 수염이 자랄 가능성이 아주 높다. 수염을 깎는 건 힘든 일인데 날카로운 면도칼이 나오기 전에는 아마 더 고통스런 일이었을 것이다. 면도 아이디어는 맨 처음 어디서 나온 것일까?

호모사피엔스도 면도를 했다

호모사피엔스는 일찍부터 면도를 시작했다. 금속을 발견하기 전까지는 뾰족한 조개껍질 같은 걸로 수염을 깎았다. 고대 이집트인은 구리 면도칼로 면도를 했고 플루타르코스Plutarch에 따르면 알렉산더 대왕은 병사들에게 수염을 깎으라고 했다고 한다. 수염이 길면 치열한 전투 중에 적군의 손아귀에 잡히기 쉽다는 이유 때문이었다. 그러나 일부 문명에서는 수염을 귀하게 여겼다. 아시리아인이 만든 조각을 보면 구불구불하고 멋진 긴 수염이 있다.

면도는 아마 청결을 목적으로 시작되었을 것이다. 특히 물로 씻는 게 어려운 상황에서 구불구불하고 무성한 털은 온갖 더러운 것의 온상이 될 가능성이 높다. 제1차 세계대전 중에 대부분의 군인은 면도를 바로바로 했는데 특별 규정 때문이 아니라 습한 참호 속에서는 전염병처럼 이가 퍼졌기 때문이다.

수염 속에 새로운 페니실린이?

2016년 제목부터가 심상치 않은 〈병원 감염 일기〉라는 연구가 발표됐다. 수염이 있는 사람과 없는 사람 400명(전부 병원 직원) 이상의 세균 상태에 대한 연구 발표였다. 그 결과, 수염이 있는 사람의 불명예가 사라졌다. 수염이 없는 사람이 수염이 있는 동료보다 피부에 해로운 세균이 더 많았던 것이다. 게다가 수염에서 나온 일부 미생물은 항균 활동까지 하는 걸로 보였다. 현재 알려진 항생제가 더 이상 듣지 않게 될 경우 어쩌면 다음 세대의 항생제는 수염 속에서 발견될지도 모른다.

역사상 가장 위험한 화장품은 무엇일까?

어떤 시대든 모든 아름다움의 기준은 매끄럽고 흠 없는 피부에서 시작하는 듯하다. 그런 피부를 갖기 위해 때로는 매우 위험한 방법이 사용되었다.

아름답고 치명적인 킬러

최악의 화장품 원료 퍼레이드의 선두 주자는 단연 납이다. 납은 고대 이집트부터 18세기 말까지 거의 모든 화장품에 들어갔고 가면처럼 덕지덕지 바르는 경우가 많아 피부에 스며들지 않을 수가 없었다. 섬뜩한 부작용이 많아 피부에 염증이나 흉터가 생겼고 그걸 가리기 위해 훨씬 더 많은 납을 바르는 경우가 종종 있었다.

최악의 화장품 원료 2위는 비소다. 빅토리아 여왕 시대에 창백한 피부가 유행하면서 많이 쓰였다. (19세기에는 비소가 안 쓰인 데가 없어 비소가 든 화장품을 쓰지 않아도 드레스나 벽지에서 비소에 노출되기 십상이었다.) 부작용? 극심한 피로감과 열, 관절통에 시달렸고 손발이 붓기도 했다.

3위는 수은이다. 점이나 주근깨를 가리는 데 좋고 주름을 펴는 데도 좋다. 보다 매끄러운 피부를 갖는 대신 마비, 시야가 흐려지는 증상, 우울증 등을 겪을 수 있고 신장과 신경계에 영구적인 손상을 입기도 했다.

반드시 원료를 확인하라

오늘날에는 엄격한 건강 및 안전 규칙이 있어 화장품이 완전히 안전할 거라고 생각할지 모르나 꼭 그렇지만도 않다. 2007년 미국의 한 독립 연구소에서 30종 이상의 립스틱을 검사했는데 그 중 3분의 1에 위험한 수준의 납이 포함되어 있었다. 금지된 지 오래됐다고 생각한 원료가 아직까지도 각종 공포스러운 화장품 이야기에 등장하고 있다. 수은이 아직도 방부제 용도로 종종 쓰이고 있는 게 그 좋은 예다.

피어싱이 건강에
좋은 점도 있을까?

피어싱은 문신과 마찬가지로 지난 30년간 대세였다. 피어싱은 원래 귓불에만 했으나 이제는 코, 입술, 혀는 물론 기타 위험한 부위에까지 한다. 신체 피어싱에는 사회적인 메시지를 전하는 것 외에 다른 어떤 실용적인 목적이 있을까?

갓난아기에게 피어싱을?

인도의 아유르베다 요법에서는 특정 부위에 대한 피어싱이 여러 가지 건강 문제에 도움이 된다고 믿는다. 특정 부위 상당수는 몸의 기가 흐르는 경로를 짚어 그 기능을 극대화시키는 중국 지압 및 침술의 '혈'과 일치한다. 그런데 피어싱 중에서도 태어난 지 며칠 안 된 아주 어린 아기에게 행하는 전통적인 귓불 피어싱이 가장 효과가 좋다고 알려져 있다. 기원전 6세기 때 쓰인 인도의 건강 백과사전 『수슈루타상히타』에서는 귓불 두 군데에 피어싱을 하는 '카르나베다' 의식을 설명하고 있는데, 이 의식은 16가지 '산스카라(통과의례 비슷한 의미를 가진 복잡 미묘한 말)' 중 하나다. 『수슈루타상히타』는 카르나베다 의식이 아이의 건강에 어떻게 좋은지도 자세히 기록하고 있다. 남자아이의 경우 먼저 오른쪽을 피어싱 한 뒤 왼쪽 귀를 피어싱 하고 여자아이의 경우 반대로 피어싱 한다.

당신의 혈을 기억하라

귓불에는 좌뇌와 우뇌가 모두 연결되는 중요한 혈이 있다고 한다. 그 혈에 피어싱을 하면 아기의 뇌가 제대로 발달되며 또 기억력 향상에 도움이 된다고 한다. 또한 귓불 중앙에는 생식계통과 관련된 혈이 있어 여성의 경우 정확한 혈점에 피어싱을 하면 월경주기가 건강하게 유지된다고 한다. 소화 기능에 도움이 되는 혈도 있다.

패션과 인체

인간이 몸을 가꾸고 치장하는 건 선사시대부터 계속된 일이다. 퀴즈를 풀면서
호모사피엔스의 패션 습관을 얼마나 잘 알고 있는지 확인해 보라.

Questions

1. 일본 천황 부인이 1873년 자연스런 하얀색 치아 상태로 공식 석상에 나타났을 때 사
   람들은 왜 충격을 받았나?

2. 공막 문신이란 무엇인가?

3. 원래 남성이 하이힐을 신은 것은 무엇 때문이었나?

4. 고대 중국에서는 황금 연꽃 발과 철 연꽃 발 중 어느 것이 더 큰 명예였나?

5. 빅토리아 여왕 시대에는 화장품에 비소가 흔히 들어갔다. 19세기에 흔히 접할 수 있
   었던 비소가 들어간 물건 2가지는 무엇인가?

6. 알렉산더 대왕은 전투 중에도 병사들에게 수염을 깎게 했다. 맞을까 틀릴까?

7. 'plastic surgery'란 말을 만들어낸 사람은 누구인가?

8. 사람의 속눈썹은 어떤 기능을 하는가?

9. 고대 이집트인은 면도를 하는 데 조개껍질을 사용했다. 맞을까 틀릴까?

10. 전통적인 카우보이 부츠에는 어떤 종류의 힐을 볼 수 있는가?

Answers

정답은 210페이지에서 확인하세요.

음식은 사람의 몸속에
얼마나 오래 머물까?

물은 얼마나 마셔야 할까?

우리는 평소 수분 섭취를 충분히 해야 한다는 말을 많이 듣기 때문에 물을 아무리 마셔도 지나치게 많이 마신다는 생각은 잘 하지 않는다. 그러나 드문 일이긴 하지만 진짜로 물을 지나치게 많이 마시는 경우가 생긴다. 저나트륨혈증, 즉 수분 과다 증상은 문자 그대로 물 중독 상태이며, 일사병과 증상이 매우 흡사하다.

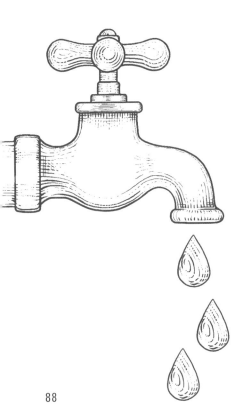

하루 2리터? 3리터?

과거에는 대부분의 사람들이 목이 마르면 그냥 물을 마셨다. 그러나 오늘날에는 그렇게 간단한 해결책은 신뢰성이 없고 보통 하루에 1.8리터(또는 2.8L) 정도의 물을 마시라고 구체적으로 권한다. 하루에 8잔 정도의 물을 마시라는 것이다. 음식 등에 들어 있는 수분까지 더하면 하루에 3리터 이상의 물을 마시는 게 된다. 물론 당신의 몸이 추가로 더 많은 물을 필요로 할 수도 있다. 운동을 격하게 하면 흘리는 땀만큼 수분을 보충해야 하고 아주 더운 날씨에도 마찬가지다. 임신 또는 모유 수유 중일 때 역시 더 많은 물을 마셔야 한다.

물 중독 증상과 치료

너무 많은 물을 너무 빨리 마실 경우(저나트륨혈증에 걸릴 정도면 물을 잔이 아닌 바가지로 퍼마셔야 한다) 신장에 과부하가 걸려 나트륨 수치가 뚝 떨어지고 몸이 붓기 시작한다. 부작용도 아주 심해 손발이 부어오르고 속이 메스꺼워 토하기도 한다. 뇌가 부어오르고 극심한 두통을 겪으며 계속 설사를 한다. 치료하지 않고 놔둘 경우 뇌압이 높아져 졸도를 하게 되며 심한 경우 사망에 이른다. 대개 정맥주사를 통해 염분을 주입함으로써 나트륨 수치를 서서히, 안전하게 정상 수치로 올리는 치료를 받는다.

패션 아이콘이 된 생수병

유럽과 미국에서는 정확히 언제부터 병에 든 생수가 유행처럼 흔해졌을까? 생수병은 1800년대부터 인기가 있었으나 20세기 초 수돗물이 식수로 안전해지면서 생수병 시장이 시들해졌다. 미국의 생수병 르네상스 시대는 1977년 비교적 생소한 프랑스 탄산수 브랜드 페리에Perrier가 대대적인 마케팅을 벌이면서 시작됐다. 당시 페리에는 미국 영화배우 오슨 웰스Orson Welles의 걸걸한 목소리가 배경에 깔린 감각적인 텔레비전 광고를 연이어 내보냈다.

페리에의 마케팅은 큰 성공을 거두어 1979년에 이르러 연간 2억 병이나 팔린다. 곧 다른 생수 기업도 뒤를 이어 자기 브랜드를 알리기 위해 상당한 마케팅비를 쏟아붓는다.

2000년대에 이르면 의류업체 쥬시 꾸뛰르Juicy Couture의 벨루어 조깅 바지에 생수병은 거의 필수 액세서리가 되었다. 생수병의 인기는 여전해 2017년 미국에서는 생수병 연간 매출이 사상 처음 다른 모든 음료수 매출 합계를 뛰어넘었다. 미래에는 플라스틱병이 환경에 미치는 끔찍한 영향 때문에 생수병의 인기가 떨어질지 모르지만 사람들이 수도꼭지보다는 병에 든 물을 찾는 한 생수가 모든 것에 우선할 것 같다.

배가 고프면 왜 꼬르륵 소리가 날까?

익숙한 일이다. 음식을 먹고 한 시간에서 세 시간 정도 지난 뒤 회의 장소나 교회 또는 교실 같이 조용한 곳에 앉아 있다. 그런데 못마땅한 곰이라도 한 마리 들어앉은 듯 위에서 으르릉 소리가 나기 시작한다. 왜 그런 소리가 나는 걸까? 정말 배고픔의 표시일까? 꼬르륵 소리는 대체 무슨 의미일까?

소화가 되는 소리

사실 으르릉 또는 꼬르륵 소리는 소화기관인 위에서 나는 소리로 배가 고파서 나는 소리는 아니다. 위에서 그런 소리가 난다는 건 지금 한창 소화가 되고 있다는 뜻이다.

꼬르륵 소리는 음식과 액체와 가스가 장의 연동운동(위 속의 내용물을 쥐어짜 장으로 밀어 넣는 근육운동)에 의해 쥐어짜지듯 밀려가며 나는 소리다. (많은 양의 공기와 합쳐진 부드러운 덩어리가 잔뜩 조여진 공간 안에서 쥐어짜지는 걸 상상해보라.) 위가 점차 비면 꼬르륵 소리가 더 심해지는데 위 속에 빈 공간이 늘어나면서 가스와 에어 주머니가 생겨나고 그 주머니에서 소리가 나는 것이다. 따라서 꼬르륵 소리는 음식을 먹고 몇 시간 지났을 때 더 많이 나는 것이다. 음식과 음료는 소화액에 의해 분해되어 위에서 소장으로, 결국에는 결장으로 간다.

몸속에는 공기주머니가 있다?

사람은 무언가를 먹을 때 아주 많은 공기를 삼킨다. (어린 아이들한테 입에 음식을 가득 문 상태에서 말을 하지 말라고 하는 보다 실질적인 이유 중 하나다.) 게다가 삼킴 반사 기능은 나이가 들수록 약해

침묵의 소리

사람의 장은 낮에는 많은 활동을 하지만 밤이 되면 소화 활동도 둔화된다. 그래서 위가 어느 정도 비어 있더라도 사람이 깊이 잠든 동안에는 꼬르륵 소리가 잘 들리지 않는다.

져 점점 더 많은 공기를 삼키게 된다. 그뿐 아니라 소화 과정에서도 그 부산물로 여러 가지 가스가 발생하는데 3가지만 꼽자면 이산화탄소, 황화수소, 메탄이다. 삼키는 공기에 자체적으로 만들어지는 가스까지, 소화계는 가스가 많은 환경이다.

끊임없이 움직이는 소화기관

당신이 마지막에 먹은 음식이 위를 지나 소장으로 향할 때쯤이면 부분적으로 소화된 유미즙이라는 물질 덩어리가 된다. 하지만 여기서 끝이 아니다. 위와 소장의 근육 벽에는 언제위와 소장이 비는지를 알려주고 곧이어 전기적 운동을 일으키는 감각 수용기가 있다. '이동성 운동 복합체'라고 알려진 이 감각 수용기는 먼저 음식을 먹으라며 공복통을 일으키는데 공복통은 시간이 갈수록 점점 강해져 당신은 어느 순간 이미 뭔가를 먹고 있는 자신을 발견하게 된다. 그다음 이 감각 수용기는 수축 작용을 일으켜 마지막에 먹은 음식의 잔여분까지 소장 쪽으로 밀어내 위를 비운다. 그리고 다시 음식을 먹으면 이 모든 과정이 계속 반복된다.

바깥 온도가 체온처럼 섭씨 37도가 되면 왜 그리 덥게 느껴질까?

사람들은 따뜻한 날씨에 대한 반응이 제각각이지만 대개 열대지방처럼 햇볕이 쨍한 날 온도계가 섭씨 37도를 가리키면 덥다고 느낀다. 심한 경우 아주 불쾌할 정도로 덥다고 생각한다. 사실 사람의 몸속과 똑같은 온도인 데 왜 그럴까?

늘 가열되는 몸

사람은 쉬고 있든 움직이고 있든 심장은 뛰고 뇌 속 시냅스는 타오르고 몸속에서는 끊임없는 활동이 일어난다. 당신이 세상에서 가장 게으른 사람이라 할지라도 몸속에서는 온갖 신진대사가 자동으로 일어나며 모든 신진대사 과정에서는 열이 발생한다. 따라서 사람의 몸은 효율적으로 열을 식힐 수 있어야 한다.

몸속의 온도 조절 장치

뇌 아래쪽 조그만 부위인 시상하부는 사람의 체온을 조절한다. 몸의 서로 다른 부위에서 발생하는 열을 일정한 수준으로 조절해 늘 일정한 체온을 유지할 수 있게 해준다. 그러나 과도한 열을 주변 환경으로 내보내는 문제는 어느 정도 주변 온도의 영향을 받는다.

주변 환경이 추울 경우 시상하부는 몸을 향해 떨기 시작하라는 명령을 내리며 몸을 움직이게 함으로써 체온을 올린다. 반대로 더울 경우 시상하부는 몸을 향해 땀을 흘리고 피부 표면에 가장 근접한 혈관에 더 많은 피가 흐르게 함으로써 체온을 식힌다.

열이 아니라 습도가 문제다

후텁지근하고 끈적거리는 날씨에 몇 번이고 되뇌어야 할 캐치프레이즈다. 왜 열과 관련해 습도가 그렇게 반갑지 않은 차이를 만들까? 습도는 효율적으로 땀을 흘리는 데 문제가 생기게 한다. 대개 더울 때 땀을 흘리면 피부에서 땀이 증발하며 체온이 내려간다. 그러나 이미 습기로 가득 차 있는 공기 속에서 땀을 흘리면 땀이 증발하지 못하고 계속 열과 눅눅함을 느끼게 돼 불쾌지수가 높아진다.

열을 내보낼 수 있는 환경

물리학 법칙에 따라 온도가 다른 두 물체가 만나면 온도가 더 높은 물체에서 더 낮은 물체 쪽으로 열이 이동한다. 뜨거운 커피 한 잔을 주방 조리대 위에 놔둘 경우 점차 식어 실내 온도까지 내려가는 것도 그 때문이다. 마찬가지로 사람의 몸 역시 보다 찬 주변 환경으로 열을 방출한다. 그런데 외부 온도가 몸속의 온도와 같거나 더 높을 경우, 열은 밖으로 방출되지 못해 몸이 식기가 점점 더 어려워진다.

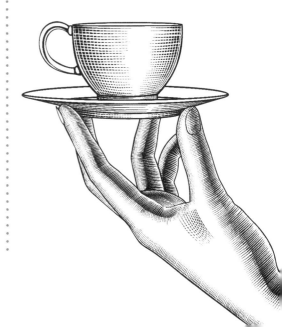

사람의 몸에는 물이 얼마나 있을까?

성인의 몸은 대개 65퍼센트 정도의 물로 되어 있고 아이들의 몸은 그보다 더 많아 65~68퍼센트 정도 된다. 물의 비율이 가장 높은 건 갓난아이들로 78퍼센트 정도가 물이다. 물 덩어리인 오이보다 18퍼센트 정도만 적은 셈이다.

절대 필요한 요소

일반적으로 여성은 남성에 비해 물 비율이 낮은데 여성은 대개 근육조직보다 물 함량이 낮은 지방이 많기 때문이다. 그리고 나이가 들면 물 비율은 줄어들며 점차 고갈된다. 아주 나이 든 노인의 경우 물이 50퍼센트 정도밖에 안 된다.

그럼 그 많은 물은 대체 어디 숨어 있고 또 어떤 일을 하는 걸까? 각종 장기와 조직을 하나하나 살펴보면 함유된 물의 양이 예상과는 다르다. 피는 액체이므로 대부분이 물 아닐까? 혈장의 대부분이 물인 건 맞다. 90퍼센트가 넘는다. 그러나 피에서 혈장이 차지하는 비율은 반이 조금 넘을 뿐이어서 피는 물 함유량이 높은 장기 목록에서 1위가 아니다.

1945년 〈미국 생화학 저널〉에 한 연구 결과가 실렸는데 인체 각 부위의 정확한 화학적 성분을 분석한 최초의 연구 중 하나다. 연구에 따르면 사람의 몸에서 가장 물이 많은 곳은 폐(약 83%), 그다음이 근육과 신장(약 79%), 그다음이 뇌와 심장(약 73%)이다. 피부는 약 64퍼센트가 물이고 뼈는 거의 3분의 1만 물이다. 이 조사 결과는 70년이 지난 지금까지도 널리 인정받고 있다.

물이 하는 일

사람의 몸속 물은 그저 고여 있는 게 아니다. 3분의 2는 각 세포 속에 갇혀 있다. 물이 관여하는 대표적인 일은 체온 조절(땀), 몸속 노폐물 및 독소 제거(소변과 대변)다. 그 외에 관절과 뇌와 척수를 위한 완충제 및 충격 흡수 장치 역할도 하고 세포

생성에서 없어선 안 될 중요한 구성 요소기도 하다. 또한 물은 혈액순환을 통해 몸 곳곳에 필요한 영양분을 배달해주기도 한다.

물이 없으면 어떤 일이 일어날까?

갈증이 나는 정도 이상의 심한 탈수를 경험해 본 적이 없다면 이제 소름 끼칠 정도로 무서운 탈수 과정을 미리 알아보자. 그렇게 되기까지 걸리는 시간은 외부 환경에 따라 다르겠지만 그리 멋진 일은 아니다. 먼저 신장이 방광에 더 이상의 물을 보내지 못한다. 그다음 땀을 흘리지 않게 되어 덥게 느껴지고 피의 밀도가 높아져 피가 느릿느릿 흐르면서 기절할 것 같은 느낌이 든다. 그다음에는 피가 더 이상 각 장기에 도달하지 못해 장기가 제 기능을 못한다. 탈수의 마지막 단계가 되면 사람의 몸은 더 이상 체온을 조절하지 못하고 신장과 간이 기능을 멈춘다. 그리고 곧 죽게 된다. 항상 몸에 물을 보충해라!

몸속의 죽은 세포는 어디로 갈까?

집 안 여기저기 쌓여 있는 실내 먼지 중 상당 부분이 일상적인 활동 과정에서 떨어져 나간 피부 세포라는 말을 듣고 움찔 놀라기도 했다. 그렇다면 몸 안에 있는 세포는 어떻게 될까? 몸속 세포는 얼마나 오래 살며 죽으면 어디로 가는 걸까?

세포는 어떻게 죽는가?

몸속 세포는 높은 비율로 매일 죽는다. 과학자들은 약 500억 개의 세포가 죽는 걸로 추산한다. 세포는 '자멸apoptosis' 또는 '괴사 necrosis' 중 한 가지 방식으로 죽는다.

대부분의 세포는 수명이 정해져 있어 자멸은 세포의 '자연스런' 죽음이라 할 수 있다. 사용 기한보다 오래된 세포가 스스로 해체되는 것이다. 세포 속에 들어 있는 카스파제라는 단백질이 세포의 DNA를 파괴하는 효소 생성을 촉진하면서 세포를 해체하기 시작한다. 그 과정에서 세포가 '새기' 시작하면 그 메시지가 식세포라는 이름의 세포 청소 전문 세포에게 전달되며 식세포는 죽은 세포의 잔해를 처리한다.

괴멸은 이보다는 덜 조직적이며 주로 외상이나 감염 같이 몸에 어떤 트라우마가 주어져 세포가 손상될 때 발생한다. 갑작스런 세포의 죽음은 자멸의 경우만큼 깔끔하거나 자립적이지 못하다. 서서히 새기보다는 갑자기 터져 죽기 때문에 자멸의 길을 걷는 세포와는 다른 신호를 내보내며 식세포가(여전히 괴사 세포를 수집해 해체한다) 그 신호를 감지해 효율적으로 죽은 세포를 제거하는·것이 쉽지 않다. 또한 괴사 세포가 방출하는 화학물질로 인해 몸 안의 특정 부위에 염증이 생기기도 한다.

좋은 세포가 나쁜 세포로 변할 때

가끔 세포의 DNA가 제대로 처리되지 않았는데
괴사 세포가 죽거나 식세포가 할 일이 너무 많을
때 그런 일이 일어난다. 좋은 세포가 나쁜 세포로
변하는 경우 몸의 면역체계가 과민 반응을 보이
게 되며 루프스나 빈혈, 관절염 같은 질환에 걸릴
수 있다.

몸속의 쓰레기 수거자

죽은 세포를 깨끗이 정리하는 식세포는 '호중
구'와 '대식세포'라는 두 종류의 백혈구로 나
뉜다. 몸속의 쓰레기 수거자로 불리며 이들이
하는 일은 효율적인 재활용자가 하는 일과 비
슷하다. 이들은 문자 그대로 죽은 세포의 잔해
를 집어삼키고 그것을 분해해 그 구성 요소를
몸이 재활용할 수 있게 한다. 이들은 골수 안
에서 만들어져 핏속에 섞여 필요한 곳으로 이
동한다. 죽어 가거나 이미 죽은 세포가 쓰레기
수거자의 영향권 안에 들어가면 이들은 잽싸
게 움직여 그걸 집어삼킨다.

음식은 사람의 몸속에 얼마나 오래 머물까?

지난 20여 년간 인간의 소화 과정에 대한 관심이 지대해졌음에도 불구하고 음식이 소화되는 데 걸리는 시간(또 얼마나 오래 걸리는 게 좋은가)에 대해서는 아직도 의견이 분분하다. 그렇다면 음식이 입으로 들어가 몸속을 거쳐 항문으로 나올 때까지 어느 정도의 시간이 걸리는 게 정말로 건강에 좋을까?

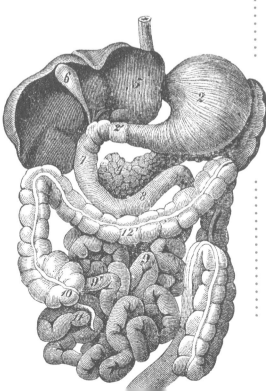

그때그때 다르다!

가장 맥 빠지는 대답 중 하나지만 소화율 같은 경우는 실제로 그렇다. 소화와 관련된 다양한 연구에서 얻은 결론은 개인차가 크다는 것이다. 가장 널리, 오래 실시된 연구 중 하나는 1980년대에 메이오 클리닉에서 실시한 연구인데 연구 결과 소화의 전 과정 평균 시간은 50시간이 조금 넘었다. 음식은 그 시간의 대부분을 대장 안에서 보냈으며 위와 소장 안에서는 비교적 짧은 시간인 6시간에서 8시간을 보냈다. 또한 일반적으로 여성이 남성에 비해 소화되는 속도가 느리며 특정 음식이 소화되는 데 더 오래 걸린다. 이후의 연구에서는 그 시간이 줄었고 어떤 경우에는 아주 많이 줄어 무언가를 소화시키는 데 걸린 총 시간은 30시간 정도였다.

소화는 얼마 만에 되는 게 좋을까?

소화에 '가장 적절한' 시간이란 없다. 크론병이나 기타 다른 염증성 장 질환 같은 게 있을 경우 소화 시간이 짧아지거나 길어질 수 있지만 소화 시간에 뚜렷한 표준 같은 건 없다. 사람들은 워낙 다양한 음식을 먹고 각 음식이

소화되는 시간 역시 제각각이기 때문이다. 만일 음식을 소화하는 데 별 문제가 없고 변비나 설사도 없으며 화장실을 찾는 시간이 비교적 일정하다면 아마 소화기계통에 크게 신경쓰지 않아도 될 것이다. 미국 작가 겸 저널리스트 마이클 폴란Michael Pollan의 캐치프레이즈 "음식을 먹어라. 너무 많이는 말고. 주로 식물성으로."에 따라 조심해서 음식을 먹는다면 당신은 큰 문제가 없을 것이다. 아니면 훨씬 더 오래된 캐치프레이즈처럼 망가진 게 아니라면 고치지 말고 그대로 써라.

소화와 흡수의 혼동

사람들은 소화와 흡수를 혼동하는 경우가 많은데 소화는 음식이 사람의 입으로 들어가 배출될 때까지의 과정이다. 흡수는 사람의 몸이 음식 속에 든 내용물을 받아들여 사용 가능한 형태로 바꾸는 과정이다. 대부분의 흡수는 음식을 먹고 나서 2시간에서 7시간 사이에 소장에서 이루어진다. 소장 안쪽 벽에는 융모라 불리는 울퉁불퉁한 주름이 나 있는데 이 주름 덕에 소장의 표면적이 엄청나게 늘어난다. 음식이 소화되면 그 분자가 융모를 거쳐 혈액 속으로 들어간다. 이 시점부터 음식 분자는 몸 구석구석 필요한 곳으로 옮겨진다. 남은 음식이 대장 안으로 들어갈 때쯤이면 영양분은 다 빠져나와 흡수가 끝난다. 대장이 하는 일은 남은 노폐물에서 수분을 제거하는 것이며 곧 배설될 대변만 남는다.

장 때문에 우울증이 올 수도 있다고?

10년 전만 해도 의사에게 우울증이 왜 오냐고 묻는다면 십중팔구 뇌 속 화학물질 불균형 상태, 특히 세로토닌이라는 신경전달 물질의 수치 저하 때문이라는 답을 들었을 것이다.

뇌와 장의 관계

최근 장에서 일어나는 일에 대한 새로운 연구 결과, 모든 게 변하고 있다. 예전 같으면 뇌의 소관이라고 믿었던 온갖 일이 실은 장에 서식 중인 수많은 세균(좋은 세균과 나쁜 세균)에 의해 시작된 일일 수 있다는 과학적 견해가 힘을 얻고 있다.

연구 결과를 보면 정말 놀라지 않을 수 없다. 인간은 감정에 큰 변화가 있을 때 소화가 잘 안 되며 감정과 위를 연결 짓는 표현도 많다. 그렇다면 뇌와 장의 관계가 여기서 좀 더 나아갈 수도

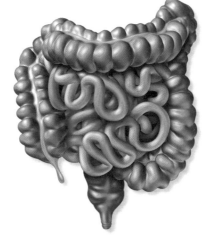

있지 않을까? 장 문제 때문에 뇌에 문제가 생길 수도 있다는, 전혀 다른 생각을 할 수도 있지 않을까?

사이코마이크로바이오틱스의 등장

현재까지 장내 미생물 불균형 상태와 우울증 간의 관계에 대한 중요한 연구는 대개 쥐를 상대로 이루어졌다. 과학자들은 쥐 실험을 통해 특정한 장내 주요 세균이 부족할 경우 우울증 비슷한 증상이 나타나 상황을 개선할 의지조차 잃게 된다는 사실을 밝혔다. 물론 사람은 쥐와 다르지만 현재 장내 미생물이 인간의 감정에 미치는 영향에 대해서도 광범위한 연구가 진행 중이다. 사람의 장 안에 자연스레 생겨나는 온갖 종류의 미생물을 의학적으로 활용할 방법을 찾는 '사이코마이크로바이오틱스psychomicrobiotics'라는 새로운 학문이 떠오르고 있다.

하루 중 최적의
식사 시간이라는 게 있을까?

어린 시절에 아침 식사를 거르지 말라는 말을 많이 들었다. '아침은 왕처럼, 점심은 왕자처럼, 저녁은 거지처럼' 먹는 게 가장 좋다는 말도 들어봤을 것이다. 그렇다면 음식을 먹는 시간에 따라서 실제 건강이 달라질 수 있을까?

에너지 소모를 생각한다면

이 말 뒤에는 에너지가 다 떨어질 때까지 기다렸다 먹기보다는 에너지가 필요할 때를 대비해 아침에 든든히 먹어두는 게 좋다는 생각이 깔려 있다. 반면에 하루가 끝날 무렵에 든든히 먹는다면 칼로리가 에너지로 다 활용되지 못해 지방으로 축적될 테니 좋을 게 없다.

먹는 시간과 공복 시간

최근 식사 시간에 대한 견해가 조금 달라졌다. 조금씩 자주 먹는 게 좋다는 주장도 무색해지고 있다. 미국 샌디에이고 솔크생물학연구소의 연구에 따르면 하루 24시간 중 8시간 동안만 먹이를 먹을 기회를 준 쥐가 같은 양의 먹이를 주되 언제든 먹고 싶을 때 먹게 허용한 쥐보다 더 건강했다. 영국에서 이 연구 결과를 토대로 인간을 대상으로 실험을 했다. 실험 참가자로 하여금 평소 먹던 음식을 같은 양으로 먹되 아침 식사 시간은 평소보다 90분 늦추고 저녁 식사 시간은 90분 당겨서 잠자는 동안의 공복 시간을 3시간 늘렸다. 그렇게 10주가 지나자 공복 시간을 늘린 그룹은 콜레스테롤과 혈당 수치가 떨어졌고 많은 사람들이 체중도 줄었다. 그러나 나머지 그룹의 콜레스테롤 및 혈당 수치, 체중은 그대로였다. 만일 좀 더 건강해지고 싶다면 어떤 음식을 먹을 건지는 물론, 언제 먹을 건지에 대해서도 신경을 쓰는 게 좋다.

사람의 장에는
얼마나 많은 종류의 세균이 있을까?

지난 10여 년간 인간의 소화기계통에서 일어나는 일에 대한 관심이 폭발적으로 늘었다. 새로운 연구를 통해 장내세균이 스트레스 수준에서 지능에 이르는 모든 것에 영향을 준다는게 밝혀지고 있다.

세균 무게만 2킬로그램 육박

사람의 장 안에는 분명 많은 세균, 수조에 이르는 세균이 있다. 무게로 따지면 1인당 900그램에서 1,800그램 정도 되는 걸로 추산된다. 세균 종류는 개인차가 큰데 대부분의 사람들 장에는 착한 세균과 나쁜 세균이 약 500종류에서 1,000종류 정도 있다. 사람마다 약간씩 차이는 있다.

장내세균에도 유형이 있다

대부분의 사람들은 자신의 혈액 유형 즉, 혈액형이 뭔지 안다. 그런데 당신은 당신의 장내세균 유형이 무엇인지 아는가? 2011년 독일 하이델베르크에서 행해진 연구에 따르면 장내세균은 크게 3가지 유형으로 나뉜다. 같은 유형이라 해서 다 똑같은 세균만 있는 건 아니지만 거의 같은 세균이 들어 있고 없는 세균

도 비슷하다. 그런데 장내세균 유형이 같다고 해서 특별히 다른 무언가가 같은 것 같지는 않다. 실험 참가자는 인종도 다르고 성별도 다르고 연령층도 다르고 체중도 다르고 건강 상태도 달랐다.

좋은 세균, 나쁜 세균, 유용한 세균

장내세균 유형을 확인하는 것은 시작에 불과하다. 과학자들은 미래에 환자의 장내세균 유형에 따른 맞춤 치료가 가능할 거라고 생각한다. 기존의 장내세균에 특정 세균을 보강하는 방식으로 말이다. 항생물질에 대한 내성이 점점 중요한 관심사가 되고 있는 상황에서 앞으로 10~20년 후면 각자의 장 상태에 맞춰 세균을 조정하고 항생제도 조정해 특정 질병에 대한 환자의 면역력을 높일 수 있다고 본다.

몸속의 사건

머리카락, 피부, 손가락 등 눈에 보이는 신체 부위에 대해서는 조금씩 알고 있다.
눈에 보이지 않는 몸속에서 일어나는 일에 대해 얼마나 많은 걸 배웠는가?

Questions

1. 물을 너무 많이 마실 때 그 결과로 생겨나는 질병은 공수병인가 저나트륨혈증인가?

2. 사람 몸 속의 물 가운데 얼마나 많은 물이 세포 속에 갇혀 있는가?

3. 소화 과정의 부산물로 생산되는 3가지 가스의 이름을 댈 수 있겠는가?

4. 신생아와 오이 가운데 어느 쪽에 더 높은 비율의 물이 들어 있는가?

5. 세포의 '자연스런 죽음'을 뜻하는 말은 자멸인가 괴사인가?

6. 사람은 장내에 어느 정도 무게의 세균을 담고 다니는가?

7. 사람의 피는 물을 가장 많이 함유하고 있는 신체 부위다. 맞을까 틀릴까?

8. 융모는 다음 중 무엇인가?
    a) 폐 안에 들어 있는 아주 작은 에어 주머니
    b) 소장 안쪽 벽에 나 있는 울퉁불퉁한 주름

9. 사이코마이크로바이오틱스란 어떤 새로운 학문인가?

10. 음식은 어떻게 먹는 게 건강에 더 좋을까?
    a) 조금씩 자주 먹는 것
    b) 하루 내에서 정해진 시간 안에만 먹는 것

Answers

정답은 210페이지에서 확인하세요.

팔꿈치나 발가락을 부딪치면
왜 그리 아플까?

공포에 질리면 정말 머리카락이
하얗게 변할까?

공포 영화에나 나올 법한 얘기지만 무언가 너무 끔찍한 일을 겪으면 하룻밤 새 머리카락이 하얗게 변한다고 한다. '마리 앙투아네트 신드롬'이라고 불리는 현상으로 불운한 프랑스 왕비 앙투아네트의 머리카락이 단두대에 오르기 바로 전날 새하얗게 변했다는 데서 생겨난 말이다. 실제로 그런 일이 일어날 수 있을까?

모근에 답이 있다

자연과학에서 내놓은 대답은 '아니다'이다. 머리카락은 죽은 물질이며 일단 다 자란 뒤 자연 상태에서는 그 색이 바뀔 수 없다. 머리카락 색은 두 종류의 멜라닌에 의해 결정되는데, 그중 멜라노사이트라는 이름의 2가지 멜라닌 세포는 모두 피부 표면에 가까운 모낭 안에 들어 있다. 두 종류의 멜라닌 중 페오멜라닌은 머리카락을 붉은색과 금색으로 만들고 유멜라닌은 보다 짙은 갈색과 검은색으로 만들며 그 둘 사이에서 모든 가능한 인간의 머리카락 색이 만들어진다.

나이가 들면 모낭은 점차 멜라닌 생성을 중단하며 머리에서 나오는 머리카락은 하나씩 원래의 색을 잃는다. 우리가 백발이라 부르는 머리카락은 대개 색소가 든 머리카락과 색소가 들어 있지 않은 머리카락이 합쳐진 것이다. (멜라닌이 없는 머리카락은 색깔이 없다. 그러나 멜라닌이 없는 머리카락은 반사광 때문에 흰색으로 보인다.) 머리카락의 색 변화는 모근에서 일어나며 머리카락이 자라서 모낭 밖으로 나올 때 비로소 눈에 보인

다. 머리카락이 갑자기 하얀색으로 변하는 걸 전문용어로 '칸니티에스 수비타canities subita'라 하는데 전문가에 따르면 이런 현상은 24시간보다는 훨씬 더 오래, 실제로는 며칠도 아닌 몇 달이 걸린다고 한다.

갑작스러운 흰머리의 진실

"그리고 아침이 되어 사람들이 그를 밖으로 끌어냈는데, 그의 머리카락은 새하얗게 변해 있었고……" 괴담에나 나올 얘기이며 사실일 리 없다. 이에 대해 달리 설명할 길은 없는 걸까? 2013년 〈국제 모발학 저널〉에서는 머리카락이 갑자기 하얗게 변하는 현상에 대한 연구를 진행했다. 1800년부터 보고된 196가지 사례 가운데 44가지 사례는 실제 있었던 일로 판명됐고 그런 현상을 현실적으로 설명하려는 노력이 있었다. 그러나 모든 상황에 설득력 있게 꼭 맞는 설명은 찾을 수 없었다.

2가지 가능성이 제기됐다. 첫 번째 가능성은 연구 대상자가 자가면역 반응 현상 중 하나인 원형탈모증을 앓고 있어 갑자기 군데군데 머리카락이 빠지는 경우, 묘하게도 색소가 든 머리카락만 빠진다면 마치 밤새 머리카락이 하

얗게 변한 것처럼 보일 수 있다. 그러나 그럴 경우 머리숱이 눈에 띄게 적어질 텐데 여러 사례 가운데 그런 보고는 없었다. 두 번째 가능성은 염색을 한 머리카락을 물에 감아 인공 모발 색상이 빠짐으로써 머리카락이 하룻밤새 하얗게 변하는 경우다. 최선의 노력을 다했음에도 불구하고 둘 중 어느 쪽도 완전히 만족스러운 대답은 아니다.

백발의 왕비

마리 앙투아네트의 경우, 그녀의 머리카락이 갑자기 하얗게 변한 의문을 해소시켜줄 보다 간단한 답이 있다. 앙투아네트가 단두대로 향하던 모습을 그린 프랑스 화가 자크 루이 다비드Jacques-Louis David의 스케치를 보면 주름 모자 아래 삐져나온 하얀 머리카락 끝부분이 보이는데 거기서 그녀의 변화를 읽을 수 있다. 역사학자들에 따르면 간수가 앙투아네트의 얼굴을 더 잘 가려줄 모자나 가발을 쓰는 걸 허용치 않았을 것이므로 오랜 시간에 걸쳐 하얗게 변한 머리카락이 그날 처음 밖으로 드러났을 것이라고 한다.

사람도 뱀파이어처럼 먹으며 살 수 있을까?

허구적인 인물이긴 하지만 드라큘라나 컬렌 가족(영화 〈트와일라잇Twilight〉에 나오는 뱀파이어 일족)이라면 그럴 수 있다. 만약 원한다면 인간도 그들처럼 피만 먹고 살 수 있을까?

뱀파이어로 산다는 것

뱀파이어는 가상의 존재라 그들처럼 사는 것

의 장단점을 알아내는 게 쉽지 않다. 진짜 뱀파이어가 없으므로 모든 관련 사실은 추측일 뿐이다. 추측 가능한 장점(단백질은 필요 없을 것이다)은 아마 상당히 큰 단점(핏속에는 철분과 비교한다면 무시해도 좋을 정도의 비타민과 미네랄이 들어 있다)으로 상쇄될 것이다. 그러나 정말 뱀파이어처럼 살 생각이라면 다음과 같은 문제에 봉착하게 된다.

에너지 수요를 충족시키기 위해 아주 많은 것을 비축해야 한다. 인간의 피는 일반적인 헌혈양인 1파인트(0.56L)당 430~450칼로리가 들어 있는 걸로 추정된다. 성인 남성의 권장 하루 섭취 칼로리인 2,500칼로리를 섭취하려면 하루에 약 6파인트의 피를 마셔야 한다. 여성의 경우는 그보다 조금 적다.

피는 철분 함유량이 아주 높다. 그러나 인간은 하루에 철분 45밀리그램 정도까지만 소화할 수 있다. (철분을 과다 섭취할 경우 혈색소침착증이라는 치명적인 질환에 걸릴 수 있으며 심부전과 간부전 같은 각종 질환까지 얻을 수 있다.) 염분도 문제다. 피는 염분 함유량도 높아 피 2파인트당 약 0.33온스(1oz=28.34g)의 염분이 들어 있고 1일 염분 섭취량이 1온스에 육박하게 되는데, 이는 일반

흡혈박쥐와 피

피만 먹고 사는 걸로 알려진 포유동물은 단 3종류인데, 그게 전부 흡혈박쥐(일반적인 흡혈박쥐, 털다리흡혈박쥐, 흰날개흡혈박쥐)다. 인간과는 달리 흡혈박쥐는 피라는 특별한 음식에 적응하도록 진화되어 왔다. 흡혈박쥐는 매우 날카로운 이빨이 있어 단번에 피부를 뚫어버리며 혈액응고를 막아주는 침(이름부터가 예사롭지 않은 드라큘린이란 당단백질) 덕분에 사냥감의 피가 응고되지 않아 잘 흡수할 수 있다. 또한 아주 특이한 장내세균을 갖고 있는데 그중 280여 종의 장내세균이 다른 동물 몸속에 들어갈 경우 치명적인 병을 일으킨다.

적인 1일 염분 권장량 0.25온스를 훨씬 상회하는 양이다. 또한 보충제를 먹어 비타민 C의 1일 권장량도 채워야 한다. 인간의 피는 2파인트당 0.2온스 이하의 비타민 C가 들어 있어 하루에 6파인트의 피를 마신다면 약 0.5온스의 비타민 C만 섭취하므로 1일 권장량 1.5온스에 한참 못 미친다. 괴혈병에 걸리지 않으려면 더 많은 양의 비타민 C가 필요하다.

뱀파이어처럼 살 때 좋은 점

낮에 계속 잠을 잔다는 것은 뱀파이어 라이프스타일에서 좋은 점 중 하나다. 21세기를 살아가는 인간은 만성적인 수면 부족을 호소한다. 흔히 밤에 적어도 8시간, 가능하다면 10시간은 자는 게 좋다고 하지만 말이다. 따라서 뱀파이어가 하루에 적어도 10시간(밤이 되면 자연스럽게 일어난다) 이상 자는 것은 우리가 따라 해도 좋을 만한 건강한 습관이라 할 수 있다.

인간은 정말 자연발화될 수 있을까?

인체 자연발화 현상은 17세기 이후 계속 기록되어 왔으며 소설의 인기 있는 소재다. 그런데 인체 자연발화는 실제 일어날 수 있는 일일까 아니면 비극적이지만 완전히 설명 가능한 화재로 인한 죽음을 과장 해석한 것일까?

인체 자연발화의 정의

인체 자연발화는 늘 신문에 대서특필됐다. 영국 작가 디킨스Dickens는 자신의 소설 『황폐한 집Bleak House』에서 섬뜩하고 누추한 행색의 크룩Krook의 최후를 인체 자연발화로 마무리했고, 러시아 작가 고골Gogol도 자신의 음울한 소설 『죽은 혼Dead Souls』에서 등장인물 한 사람의 최후를 인체 자연발화로 마무리했는데 두 작가 모두 당대의 신문 기사를 소재로 삼았다고 한다.

대부분의 실제 사례에는 몇 가지 공통점이 있다. 희생자는 죽을 때 혼자였다. 희생자의 시신은 고열로 인해 재가 되지만 그들의 손발 특히 아래쪽 다리나 발은 불길이 닿지 않은 채다. 희생자의 주변 또한 불길이 닿지 않았다. 불이 어떻게 났는지를 보여주는 단서가 없다. 인체 자연발화 현상은 이처럼 공포와 미스터리가 뒤섞여 있어 '불가사의한'으로 시작되는 많은 리스트의 최고 자리를 차지하곤 한다.

심지 효과로 완전연소

처음에 어떻게 인체에 불이 붙었는가 하는 의문은 제쳐 놓더라도 인체가 연소되어 버리는 기이한 현상은 '심지 효과wick effect'라는 것으로 어느 정도 설명할 수 있다. 사람의 몸은 지방으로 되어 있다. (희생자의 대부분은 뚱뚱하고 비

"저는 이 죽음이
 인체 자연발화 사례라는 결론을 내렸는데요,
 그 외엔 달리 설명할 길이 없기 때문입니다."

활동적이며 대체로 보통 사람보다 지방이 더 많았다.) 만일 한 조각의 천이나 한 타래의 머리카락에 불이 붙는다면 그게 '심지' 역할을 하고 몸속 피하지방이 양초 역할을 해, 마치 불이 양초 심지를 타고 내려가듯 사람을 태우며 내려간다는 것이다. 그 결과 아주 센 고열이 발생해 안쪽에서부터 사람 몸을 거의 완전히 연소시키는데 이는 희생자의 주변이 대개 불에 타지 않고 멀쩡한 이유에 대한 설명이 된다.

1988년 존 디 한John de Haan 교수는 유명한 실험을 했다. 죽은 돼지를 담요에 싸고 그 담요 모퉁이를 석유에 적신 뒤 불을 붙임으로써 인체 자연발화와 비슷한 일을 재연한 것이다. 그 결과, 가장 잘 알려진 인체 자연발화 사례와 아주 흡사했다. 돼지는 완전히 타(발을 제외하고) 재가 됐지만 돼지 사체가 놓여 있던 방은 최소한의 연기 피해만 입었다.

몸속에서 시작되는 불

인체 자연발화 사례에서 가장 뜨거운 논란을 일으키는 것은 아마 불의 근원일 것이다. 2011년 아일랜드 검시관 키런 매클로플린Kieran McLoughlin은 마이클 허티Michael Faherty의 죽음에 대해 사상 처음 공식적인 인체 자연발화 판정을 내렸다. 허티는 자신의 집에서 심하게 탄 상태로 죽었는데 그 주변은 화재 피해를 전혀 입지 않았다. 당시 매클로플린은 이렇게 말했다. "저는 이 죽음이 인체 자연발화 사례라는 결론을 내렸는데요, 그 외엔 달리 설명할 길이 없기 때문입니다." 불의 열기가 워낙 세고 불의 근원을 전혀 찾을 수 없었다는 것이 판정의 근거였다. 인체 자연발화를 믿는 사람들은 메탄의 축적, 설명할 수 없는 내부 세포 활동 등 불의 근원을 피해자의 내부에서 찾는 경우가 많다. 검시관은 그렇게 결론 내릴 수 있을지 모르나 배심원단 입장에서는 여전히 인체 자연발화 같은 판정은 받아들이기 힘들다.

팔다리가 없어도 여전히 팔다리가 있는 것처럼 느껴진다고?

16세기 중엽에 환상사지증후군에 대한 글을 처음 쓴 사람은 유명한 프랑스 외과의였던 앙브루아즈 파레Ambroise Pavé다. 환상사지증후군이란 팔다리가 절단된 사람들이 더 이상 존재하지 않는 팔다리가 여전히 있다고 느끼며 때로는 통증까지 느끼는 현상이다. 대체 어떻게 된 영문일까?

뇌 속의 유령

환상사지증후군은 팔다리가 절단된 사람 사

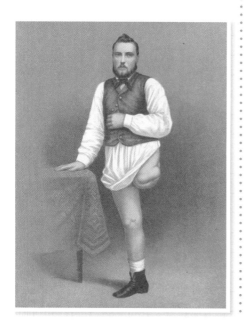

이에서 아주 높은 비율로 나타나는데 그 비율이 무려 95퍼센트라는 연구가 있다. 없어진 팔다리가 아직 그대로 있다는 느낌은 워낙 강해 마치 팔다리가 있는 것처럼 움직이려고 한다. 예를 들어 누군가가 찬 공이 자신에게 굴러오면 있지도 않은 다리를 이용해 그 공을 다시 차려고 하는 것이다.

환상사지증후군이 생기는 원인에 대해서는 절단 부위 근처 신경종말 때문이라는 둥, 척수 내 메시지 때문이라는 둥 이론이 다양하다. 대다수의 과학자들은 그 원인을 뇌, 촉감 관련 정보를 받아들여 처리하는 뇌의 체감각 피질에서 찾는다. 또한 팔다리가 절단된 많은 사람들의 뇌가 특정 팔다리가 없어졌다는 걸 인지하지 못하는 것 같다는 연구 결과도 많다. 팔다리는 없어졌지만 팔다리의 움직임과 통제를 담당하던 뇌 부위는 변화하지 않은 것이다. 이처럼 환상사지증후군은 모든 게 정상적이라고 판단하는 뇌의 상태 때문에 발생하는 것일 수 있다.

거울 치료법

오랜 세월 환상사지 통증은 주로 기존의 진통

제를 써서 완화시켰는데 효과는 복불복이었다. 1990년대 초 캘리포니아주 샌디에이고대학교의 신경과학자 V. S. 라마찬드란V. S. Ramachandran이 사지 절단 환자를 위한 새로운 치료법을 개발했다. 절단되지 않고 남은 팔다리 반대편에 거울을 세워 절단된 팔다리가 아직 있는 것처럼 보이게 한다. 환자는 거울을 보며 일련의 운동을 하는데 온전한 팔다리를 보면서 운동을 하다보면 통증이 완화된다는 것이다. 거울 치료법이 어떤 식으로 효과를 내는지에 대해선 여전히 논란이 많다. 환상사지 통증은 무언가 잘못됐다는 감각으로 없어진 팔다리와 관련해 뇌에서 통증 메시지를 보내는 것인데 거울을 통해 팔다리가 그대로 있는 시지각을 제공하고 뇌로 하여금 모든 게 괜찮다고 착각하게 하여 통증을 줄이는 것이 아닌가 한다.

넬슨 제독의 팔

1797년 영국의 넬슨Nelson 제독은 테네리페 해전에서 오른팔을 잃었다. 그는 아주 강인한 환자였다. 전하는 이야기에 따르면 제독은 팔이 절단된지 30분도 안 돼 다시 지휘를 했으며 그의 외과의 제임스 파쿼James Farquhar에 따르면 2주 후에 팔 절단 부위가 깨끗이 아물었다고 한다. 그런데 넬슨은 친구들한테 아직 오른팔이 있는 것 같고 심지어 생생한 통증까지 느껴진다고 했다. 게다가 오른손이 없는데도 불구하고 가끔 오른쪽 손가락이 손바닥에 닿는 느낌까지 든다고 했다. 넬슨은 그런 걸 문제로 여기지 않고 없어진 오른팔의 '존재감'을 인간의 영혼이 존재한다는 확실한 증거로 생각했다. 없어진 자신의 팔도 사후 세계를 즐기는데 나머지 부분도 당연히 그렇지 않겠느냐고 생각한 것이다.

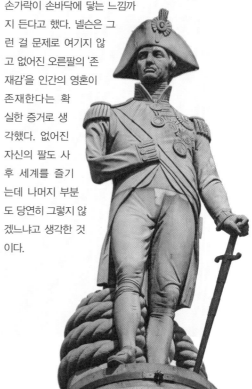

52
좀비로 인해 세상의 종말이 온다면 인간은 살아남을 수 있을까?

2016년 영국 레스터대학교 물리 천문학과 학생들은 좀비로 인해 세상의 종말이 올 때 인간이 살아남을 가능성이 얼마나 되는지 세심히 연구했다. 좀비가 있다고 믿는다면 그들의 연구 결과는 정말 놀랍다.

100일이면 좀비 승!

너무도 창의적인 이 연구는 일종의 연말 과제였다. 레스터대학교 학생들은 매년 연말에 어떤 가상 상황을 설정해 자신들의 물리학 지식을 적용한 연구를 하고 그 결과를 정리한 논문을 〈물리학 특수 주제 저널Journal of Physics Special Topics〉에 올려 물리학자의 검토를 받는다. 학생들은 마침내 논문 2편을 제출했다. 첫 번째 논문의 결과는 그야말로 암울함 그 자체였다. 학생들은 전형적인 SIR 모델을 사용했는데 이는 에볼라 같은 전염병 확산 과정을 평가하는 데 쓰는 모델이다. (여기서 S는 감염 가능성이 높은susceptible 사람들의 수, I는 감염된infected 사람들의 수, R은 회복된recovered 사람들의 수를 나타낸다. 좀비 연구에 적용할 경우 SZD 즉, 감염자susceptible, 좀비zombie, 사망자dead 모델이다.) 첫 번째 연구에서 학생들은 인간은 좀비에 맞설 수 없으며 모든 좀비가 매일 희생될 인간을 찾아내 결국 10명 중 9명은 좀비가 될 것이라는 결론을 내렸다.

이론상 좀비의 확산 속도는 처음에는 아주 느리다. 논문의 저자 중 한 사람인 크리스 데이비스Chris Davies는 이런 말을 했다. "나는 텔레비전 방송에서 좀비 확산 추세를 정확한 수치로 보여준다면 흥미로울 거라고 생각했습니다. 좀비는 처음 20일간은 활동이 많지 않다

가 갑자기 활동이 급증하며…… 100일째 되면 살아남은 사람이 몇 안 됩니다." 학생들은 단 100일이면 좀비가 인간을 거의 다 쓸어버릴 거라고 추산했다. (최종 결론 : 단 273명의 인간만 생존하고 좀비 100만 명당 인간은 한 명밖에 안 된다.)

인류의 반격

두 번째 논문에는 보다 희망적인 전망(인간의 입장에서 볼 때)이 담겨 있다. 인간이 좀비를 피해 다닐 가능성도 더 높고 인간 사냥감을 찾지 못할 경우 좀비는 20일밖에 살지 못하는 걸로 추정됐다. 뿐만 아니라 아이를 낳을 수 있는 인간은 최대한 빨리 아이를 낳아서 형세를 바꿀 수 있다. 두 번째 논문은 좀비의 공격에도 굴하지 않고 인류는 잘 살아남을 거라고 결론지었다.

독감이나 좀비나

좀비의 공격이라는 게 일어날 가능성이 거의 없는 상황에서 그것에 대한 대처 방법을 구상하는 것에 대체 무슨 이득이 있을까? 레스터대학교 학생들의 연구는 그리 절박한 연구는 아니지만 전염병을 연구하는 전염병학자들이 치명적인 전염병이 발생했을 때 어떻게 접근해야 하고 또 어떻게 대처해야 하는지에 대한 아이디어를 제공해준다. 실제 전염병이 발생할 경우 최초의 환자를 추적하는 게 매우 중요한데 그 병이 얼마나 빨리, 어떤 방식으로 다른 사람들에게 전염되는지를 알아내는 데 매우 중요한 자료이기 때문이다. 일단 전염 속도와 방식을 알아내야 비로소 전염병 발생을 억제하고 처리하는 효과적인 전략을 만들 수 있다. 독감이든 좀비든 모든 전염병이 마찬가지다.

좋은 스트레스,
나쁜 스트레스가 있다고?

현대의 삶은 인간에게 큰 스트레스를 준다는 얘기를 자주 듣는다. 즉, 스트레스란 으레 나쁜 것이라는 걸 전제로 한다. 그런데 스트레스가 우리에게 도움이 되는 경우도 있다고?

좋은 스트레스, 나쁜 스트레스

라이프 스타일을 다루는 잡지에서 주장하는 것과는 달리 높은 수준의 스트레스는 현대인만의 전유물이 아니다. 최초의 호모사피엔스가 마지막 남은 맘모스를 놓고 네안데르탈인과의 경쟁에서 이겨야 했던 시절 이후 인류는 늘 스트레스가 많은 삶을 살아왔다. 그러나 현재 스트레스라는 말은 다소 바쁜 업무 일정에서부터 중병, 죽음과 관련된 일에 이르는 모든 걸 뜻하는 두루뭉술한 말로 쓰인다. 좋은 스트레스와 나쁜 스트레스를 구분하기 위해 과학자들은 스트레스를 '유스트레스eustress(좋은 스

트레스, 전력을 다해 노력하게끔 자극을 주는 스트레스)'와 '만성 스트레스(나쁜 스트레스, 기분과 건강에 해로운 장기적인 스트레스)'로 나눈다.

인간의 경우 스트레스는 일종의 조기 경보로 이는 뇌 하단의 시상하부에 의해 감지되며 이후 아드레날린과 코르티솔 같은 여러 호르몬의 분비로 이어진다. 갑자기 스트레스가 쌓이는 일이 생길 경우 생각이 더 맑아지고 결단력도 더 강해지는 걸 느낀다. 이는 새로 분비된 호르몬의 행동 개시 준비 효과 때문이다. 아드레날린(에피네프린이라고도 한다)은 심장 박동 수와 혈압을 올리고, 코르티솔은 혈류 속에 더 많은 포도당을 분출시키며 비상시에 당신이 관심을 갖지 않아도 될 신체 기능을 둔화시킨다.

그뿐 아니라 스트레스는 면역체계에 대기 신호를 보내 필요 시 언제든 당신을 지키게 한다. 또한 적당한 스트레스는 동기부여도 하고 당면한 문제에 집중할 수 있게 해주며 에너지를 준다. 이 모든 것 덕분에 당신은 낙관적이고 긍정적인 사람이 된다.

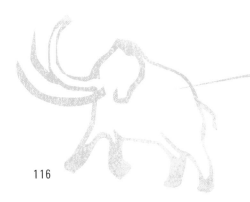

만성 스트레스의 온갖 나쁜 짓

스트레스가 오래되면 만성 스트레스가 되며 모든 긍정적인 면을 다 잃는다. 적당한 스트레스를 좋은 것으로 만들어주던 모든 요소가 장기간 지속되는 스트레스에 등을 돌려버린 것이다. 만성 스트레스는 면역체계를 교란시키고 질병에 쉽게 감염되게 하며 효율적인 사고를 할 수 없게 할 뿐 아니라 심한 경우 우울증으로 발전된다.

순간에 사는 행복

현재에 충실하다는 것은 단순히 '마음수련' 명상을 한다는 뜻은 아니다. 하버드대학교의 한 연구 팀은 마음의 움직임을 연구한 뒤 그 결과를 2010년 〈사이언스Science〉지에 발표했다. 연구 팀은 전화 앱을 이용해 미리 선정된 사람들(83개 국가의 5,000명)에게 하루 중 무작위 순간에 전화를 걸어 다음과 같은 3가지 질문을 했다. "지금 기분이 어떤가요?", "지금 무얼 하고 있나요?", "지금 무얼 생각하고 있나요?" 그 결과 매 순간 자신이 하고 있는 일에 집중하는 사람이 그렇지 못한 사람보다(심지어 즐거운 생각을 하고 있는 상황에서도) 더 행복한 걸로 나타났다. 다른 동물들은 '순간에in the moment' 산다(과학자들은 동물의 경우 그 외에 다른 건 할 수 없기 때문이라고 믿는다)는 말을 많이 듣는데, 인간 역시 순간에 산다면 더 행복할 뿐 아니라 만성 스트레스도 덜 느낄 가능성이 높다.

인간의 몸은 우주에서 정상적으로 기능할까?

질문에서 말하는 '우주에서'란 안전한 우주정거장 안에 있거나 제대로 갖춰진 우주복을 입고 잠시 우주유영을 하는 경우를 뜻한다. 만일 우주복도 입지 않은 채 우주 속으로 튕겨져 나간다면 당신은 곧 비참한 최후를 맞이할 것이다. (더 자세한 것은 오른쪽 박스의 글을 참고하라.)

중력이 없다는 건

우주여행을 하면 내이(귀의 안쪽 부분)의 미세한 균형이 깨진다. 우주비행사들은 적어도 하루 내지 이틀간 '우주 멀미'를 한다. 대부분의 우주비행사에 따르면 우주 멀미는 차멀미나 뱃멀미에 비해 더 심하진 않다고 한다. 그런데 무중력상태는 보다 적응하기가 힘들다고 한다. 많은 우주비행사들이 우주에서 잠자는 걸 힘들고 불편해 하며(몸을 결박한 상태에서도 두 팔

이 떠오르고 머리가 아래쪽으로 쏠리기 때문) 지구로 돌아와서는 어떤 물체를 손에서 놓아도 공중에 떠다니던 기억에서 벗어나는 게 아주 힘들다고 한다.

보다 오래가는 문제는 우주에 중력이 없다 보니 뼈의 밀도가 낮아진다는 것이다. 우주에서 3개월 넘게 있은 우주비행사의 경우 골밀도가 적어도 14퍼센트 낮아지고 일부 우주비행사의 경우 30퍼센트까지 낮아졌다는 기록이 있다. 뼈 노화가 빨라지는 걸 원하는 사람은 없기 때문에 우주비행사들은 과다한 근육 및 뼈 손실을 막기 위해 적어도 하루 두 시간씩 운동을 하며 지구로 귀환하면 바로 재활 프로그램을 통해 물리치료를 받는다. 또한 매일 25개에서 30개 정도의 말린 자두를 먹도록 권장된다. (우주에서는 거의 변비에 걸리지 않는 걸로 알려져 있

다.) 말린 자두에는 아주 높은 수준의 항산화 물질이 함유되어 있어 뼈를 건강하게 유지하는 데 도움이 된다.

중력이 없는 우주에서 몸속의 액체가 떠오를 위험은 없지만 신경은 쓰인다. 그러나 지구에서는 중력 때문에 몸속의 액체가 아래로 밀려내려가며, 그 결과 우주비행사들의 얼굴은 도토리를 문 다람쥐처럼 양쪽으로 볼록해지고 코가 막힌다. 또한 우주에서는 3퍼센트 정도 키가 더 커지는데 기껏해야 5센티미터 정도다. 우주비행사들의 우주복에는 여유 공간이 있어 키가 커지더라도 맞다. 커졌던 키는 지구로 귀환하면 평상시의 키로 줄어든다.

생명을 지키는 우주복

우주복을 입지 않고 우주로 떠밀려 갈 경우, 1~2분 정도야 살겠지만 바로 문제가 생긴다. 우주에는 숨 쉴 공기가 없고 산소가 떨어지면 바로 의식을 잃는다. 그걸 늦추기 위해 숨을 참으려 해도 아무 소용이 없다. 또 남아 있는 공기가 곧 팽창하면서 폐가 터지는데 외부 압력이 없기 때문이다. 호흡 문제를 해결하려 애써도 소용없다. 몸속의 액체가 끓기 시작한다. 이를 체액 비등이라 하는데 우주의 진공상태로 인해 액체의 끓는점이 체온 밑으로 내려가면서 생기는 현상이다. 1966년 짐 르블랑Jim LeBlanc이라는 우주비행사가 비행 전 우주 시뮬레이션 상태에서 우주복이 새는 사고를 당한 적 있다. 르블랑은 금방 구조됐지만 그의 기억에 따르면 혀에서 침이 타는 듯한 느낌 속에 의식을 잃었다고 한다.

벼락이 칠 때 살아남을 최선의 방법은 무엇일까?

벼락이 칠 때 살아남을 수 있는 최선의 방법은 너무도 뻔하다. 우선은 벼락에 맞지 않아야 한다. 통계에 의하면 낚시를 하다가 벼락에 맞는 사람이 제일 많다고 한다. 그러니 만일 당신이 낚시광이라면 취미를 바꾸는 걸 고려해봐야 할지도 모르겠다.

벼락을 피하는 방법

대부분의 사람들이 기본적인 지식은 갖고 있다. 뇌우가 칠 때 야외에 있지 않도록 하라. 만일 천둥소리가 들린다면 벼락이 칠 수 있는 위험지역 내에 있는 것이다. 가능하면 낮은 지역에 머물고 큰 나무 근처에 있지 마라. 또한 발뒤꿈치를 들어 모은 상태로 바닥에 쭈그려 앉아라. 그리고 전도체(금속 걸쇠가 달린 백 등) 역할을 할 수 있는 물건에 몸을 일절 대지 마라. 그런 식으로 당신의 몸을 최대한 작게 만들고 땅에 접촉되는 몸 부위를 최소화시켜라.

실내에 있으면 안전한가?

꼭 그런 건 아니다. 실외보다는 실내가 안전한 건 분명하나 전기기구를 쓰지 말고 물을 가까이 하지 말아야 한다. 샤워나 목욕을 할 때가 아니다. 뇌우가 그칠 때까지는 금속성 물질(창문틀이나 문틀)은 만지지 않는 것이 좋다.

연간 158회의 벼락

벼락이 칠까봐 계속 걱정된다면 콩고민주공화국의 키푸카라는 마을에 사는 사람들을 떠올려보라. 지구에서 연중 벼락이 가장 많이 치는 마을로 매년 1제곱킬로미터당 평균 158회의 벼락이 친다. 피해 다니기에는 너무 많은 벼락 아닌가?

"실외보다는 실내가 안전한 건 분명하나 전기기구를 쓰지 말고
물은 가까이 하지 말아야 한다."

어떤 사람들은 색을 들을 수 있다고?

이를 '공감각synesthesia'이라 하는데 의도치 않은 감각들의 혼합이라 할 수 있다. 가장 대표적인 예가 색을 듣는 것이며 공감각은 종류가 많다. 소리를 냄새로 경험한다든지 질감을 감정으로 느낀다든지 글씨를 맛으로 느끼는 것 등이 좋은 예다.

뇌의 문제인 걸까?

공감각은 19세기에 처음 확인되어 계속 연구 중이나 원인을 둘러싼 의견만 분분할 뿐 아직까지 제대로 설명되지 못하고 있다. 공감각은 대를 이어 나타나는 경향이 있어 유전적인 이유가 있는 게 아닌가 하는 추측이 있다. 뚜렷이 구분되는 다른 감각을 주관하는 뇌 부위 간에 신경이 연결되면서(소리가 시각에 연결되면서) 나타나는 현상이라는 이론도 있고 모두가

공감각을 경험할 잠재적 신경 연결 통로를 갖고 있지만 알 수 없는 이유로 몇 안 되는 사람들의 뇌에서만 그 감각이 사용된다는 이론도 있다. 한 가지 분명한 것은 모든 사람이 수긍할 만한 이론이 나오려면 아직 더 많은 연구가 이루어져야 한다는 것이다.

감각의 언어

최근에 행해진 가장 흥미로운 연구는 아마도 언어와 공감각 간의 관계에 대한 연구일 것이다. 연구에 따르면 어려서부터 제2 외국어를 배웠으면서도 두 언어 모두 제대로 사용하지 못하는 사람들은 공감각을 갖고 있을 가능성이 더 높다고 한다. 이는 공감각이라는 것이 문법이나 음악 공부 같은 복잡한 학습 과정에 대한 일종의 정신 작용, 예를 들어 B는 전부 빨간색이고 R은 전부 파란색인 유치원 알파벳에 상응하는 뇌심부 자극일 수 있음을 시사한다.

팔꿈치나 발가락을 부딪치면 왜 그리 아플까?

발가락이나 팔꿈치를 무언가에 부딪치면 심하게 다치지 않아도 잠시 찌르르하니 엄청 아프다. 어째서 발가락이나 팔꿈치를 부딪칠 때 그렇게 아픈 것일까? 이것은 신경 말단의 특수한 위치와 관련이 있다.

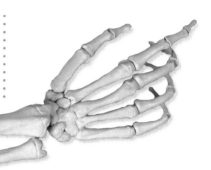

모든 건 신경 때문

발에는 외부 표면과 직접 상호작용을 하는 대부분의 인체 부위와 마찬가지로 경고와 안내를 동시에 하는 통증 수용체라는 말단 신경이 잔뜩 몰려 있다. 신경이 잔뜩 몰려 있다는 것은 발이 고통스럽거나 위험한 무언가에 닿을 경우 아주 신속히 경고를 보낼 수 있다는 얘기다. 그런데 발가락은 보호해주는 것이 없어 빠른 속도로 걸을 경우 앞으로 나아가는 발에 무게가 체중의 2배나 실리고 발가락을 무언가에 부딪치면 그야말로 엄청난 통증을 느끼게 된다. 많은 말단 신경이 아주 빠른 속도로 아주 세게 두들겨 맞기 때문이다.

무방비 상태의 신경

척골(팔뚝을 구성하는 2개의 뼈 중 안쪽에 있는 뼈) 위쪽 부위를 부딪칠 때 느끼는 엄청난 통증 또한 신경 때문인데 이때는 척골신경 때문이다. 척골신경은 척추에서 시작되어 넷째 손가락과 새끼손가락 끝부분에서 끝나는 주요 신경이다. 이 신경은 팔꿈치 바로 뒷부분을 지나 팔까지 내려간다. 위팔이 아래팔의 요골 및 척골과 만나는 곳에 팔꿈치 채널이란 부위가 있는데 신경이 뼈와 피부 사이에 들어맞아야 하는 부위로 비교적 무방비 상태다. 그곳을 부딪치면 바로 신경에 통증이 전해져 팔꿈치부터 손가락 끝까지 전기 충격을 받은 듯한 통증을 느끼게 된다.

예기치 못한 일들

인간은 높은 수준의 스트레스, 벼락, 우주여행처럼 예기치 못한 일에 대해서는
예상치 못한 반응을 보이기도 한다. 여기에 대해 얼마나 알게 됐는가?

Questions

1. 다음 중 누구의 머리카락이 하룻밤 새 하얗게 변했다고 전해지는가? 스코틀랜드의
   메리 여왕 아니면 마리 앙투아네트?

2. 드라큘린이라는 자연 상태에서의 당단백질은 어디에서 발견할 수 있을까?

3. 작품에서 인체 자연발화 사례를 다룬 두 위대한 작가의 이름을 댈 수 있는가?

4. 2011년 최초로 인체 자연발화에 의한 죽음을 공식적으로 판정한 나라는 어디인가?

5. 1797년 해전에서 오른쪽 팔을 잃어 역사상 가장 유명한 팔다리 절단 환자 중 한 사
   람이 된 인물은 누구인가?

6. 우주복을 입지 않은 채 우주로 나갈 경우 왜 피가 끓게 되는가?

7. 세계에서 벼락이 가장 많이 칠 가능성이 높은 곳은 어디인가?

8. 어떤 종류의 스트레스가 건강에 좋을 수도 있을까?
   a) 만성 스트레스 b) 유스트레스

9. 팔꿈치 채널은 사람의 발목과 무릎 사이를 지난다. 맞을까 틀릴까?

10. 색을 듣고 소리를 냄새 맡고 글씨를 맛으로 느끼게 하는 현상을 무엇이라고 하는가?

Answers

정답은 211페이지에서 확인하세요.

알코올 중독자가 될 사람은
따로 있는 걸까?

인간의 뇌도 가득 찰 수 있을까?

이런 느낌을 받아본 적 있을 것이다. 뇌에 온갖 정보가 꽉 들어차 아무리 애써도 원하는 특정 정보를 찾을 수 없을 듯한 느낌 말이다. 정말로 인간의 뇌가 꽉 찰 수 있을까? 그러면 더 이상 어떤 정보도 집어넣을 수 없게 될까?

전전두엽 피질의 필터링 시스템

간단히 답하자면 그렇지 않다. 뇌는 자동차 기름 탱크와는 다르다. 뇌는 단순히 '꽉 채워 넣는' 것보다 훨씬 더 복잡한 메커니즘으로 움직인다. 게다가 기억은 서로 다른 상황에서 적절히 생각하고 행동할 수 있게 해주는 열쇠로 뇌의 많은 부위가 관여하는 그야말로 가장 복잡 미묘한 시스템 중 하나다. 다만 정보의 양이 엄청나게 많은데 특정 정보를 불러낼 정확한 방법이 없다면 제대로 활용하기 힘들다. (어쨌든 세상에서 가장 큰 도서관도 효율적인 문서 정리 시스템 없이는 효율적으로 돌아가지 못한다.)

인간 뇌의 경우, 뇌 깊숙이 자리 잡은 말굽 모양의 해마가 저장 역할을 한다. 특정 정보가 필요할 때는 뇌의 전두엽 일부를 차지하는 전전두엽 피질이 필요한 정보를 걸러준다. 즉,

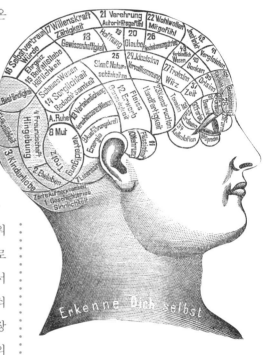

특정 정보를 원할 때마다 의식적으로 모든 기억을 일일이 훑어볼 필요가 없다는 뜻이다.

잊어도 된다는 걸 잊어버렸다

1955년 엘비스 프레슬리Elvis Presley가 〈I Forgot to Remember to Forget〉을 불렀을 때, 그가 단순히 로맨틱한 얘기가 아니라 과학

원칙을 노래한 거라고 생각한 사람은 아무도 없다. 하지만 잊는 것이야말로 기억력을 효율적으로 유지할 수 있는 비법이다. 뇌 속에 계속 새로운 정보를 쏟아 넣는 상황에선 과거에 이미 쓰였고 더 이상 쓰일 일 없는 정보를 기억 뒤편으로 보내야 기억이 더 효율적으로 관리될 수 있으니까 말이다.

2015년 〈자연 신경과학Nature Neuroscience〉 저널에 실린 한 논문에는 뇌가 특정 기억을 찾을 때면 전전두엽 피질이 무관한 기억을 걸러내는 걸로 보인다는 실험 결과가 있다. 그래서 비슷한 기억이 많을 경우 전전두엽 피질이 '올바른' 기억을 골라준다는 것이다. 또한 올바른 기억을 찾아낸 뒤 나중에 다시 찾게 될 경우 그 기억은 덜 사용되는 기억에 비해 뇌 활동이 더 활발하다. 자주 사용돼 손때가 묻은 기억일수록 더 많은 뇌 활동을 일으킨다는 말이다.

슈퍼 기억력

사람은 기억력이 더 좋아지길 바란다. 그렇지만 살아오면서 매일매일 겪은 일이 괴로울 정도로 세세히 다 기억난다면 어떻게 될까? 과잉기억증후군을 앓고 있는 사람들이 그렇다. 그들에게 5년 전 아무 날이나 지목해 저녁 때 무얼 먹었냐고 물어보면 바로 정확하게 답을 한다. 소비에트 심리학자 겸 신경심리학자 알렉산드르 루리아Alexander Luria는 과잉기억증후군을 처음 보고한 사람 중 한 사람이다. 그는 자신이 1920년대부터 1930년대까지 모스크바에서 치료한 '미스터 S'라는 사람에 대해 이렇게 보고했다. 그 사람은 시시콜콜한 오래전 일까지 다 기억해 그걸 잊으려고 온갖 노력을 다했다고 한다. 처음에는 혹시나 하는 기대에 기억을 모두 종이에 적어봤으나 소용이 없었고 나중에는 그 종이를 불태웠는데 역시 소용이 없었다. 지금 와서 보면 미스터 S는 과잉기억증후군 환자였던 것 같다. (과잉기억증후군이란 말은 21세기 초에 들어와서야 생겨났다.)

아이스크림 두통은
왜 일어나는 걸까?

사람들은 대개 갑자기 '브레인 프리즈brain freeze'를 느끼는 일에 익숙하다. '아이스크림 두통'이라고도 알려져 있는 이 증상은 머리가 쿡쿡 쑤시는 것처럼 아프며 주로 아주 찬 음료나 간식이 소화 중이거나 소화된 후에 나타난다. 많은 사람들이 겪는 이 증상은 입천장 부위의 갑작스런 온도 변화 때문에 생겨난다.

얼음처럼 차가운

브레인 프리즈는 전문용어로 '스피노펠러타인 갱글리오뉴랄지아sphenopalatine ganglioneuralgia'라 하는데 문자 그대로 해석하면 '접형구개 신경절(감각을 입천장에서 뇌로 전달하는 일을 하는 신경)의 신경통'이란 뜻이다. 인간의 입은 혈관으로 둘러싸여 있으며 차가워질 경우 더 이상의 열 손실을 막기 위해 수축된다. 뭔가 아주 찬 것을 서둘러 먹거나 마시면 입은 찬 온도를 흡수할 시간 여유를 갖지 못한다. 특히 입천장이 가장 큰 영향을 받는데 입천장은 내경동맥(뇌에 혈액을 공급하는 동맥)과 전대뇌동맥(뇌의 앞부분을 지나 뇌 조직에 연결되는 동맥)이 만나는 부분이기 때문이다.

급격한 혈류 변화로 인한 연관통

온도가 떨어지면 앞의 중요한 두 동맥이 수축된다. 그러면 뇌는 온도를 높이기 위해 그 동맥에 추가 혈액을 보내고 두 동맥은 갑자기 확대된다. 갑작스런 혈액 공급 변화는 뇌막에 의해 감지되는데 뇌막은 뇌 바깥쪽 층 안에 있는 통증 수용체이다. 이제 통증 신호는 머리에 가장 널리 분포되어 있는 신경 중 하나인 3차 신경을 통해 이동된다. 이마나 눈 뒤쪽에 (입천장이 아닌) 통증이 느껴지는 것과 관련해서는 우선 이 통증이 몸속 다른 부위와 관련된 연관통이기 때문이라는 이론이 있다. 또 다른 이론은 뇌 속의 혈류에 변화가 생겨 지끈거리는 두통이 생긴다는 것이다. 아이스크림 두통

은 워낙 흔하고 생기기 쉬운 두통이어서 과학자들은 이걸 이용해 편두통 같은 다른 두통을 이해하고 치료하는 데 도움을 받는다.

아이스크림 두통 치유법

혈관 확장은 뇌가 너무 차가워지는 걸 막기 위해 우리 몸이 취하는 방어 메커니즘이다. 아이스크림 두통은 대개 아주 빨리 지나가지만 뇌에 도움을 주기 위해 할 수 있는 몇 가지 일이 있다. 첫째, 너무 찬 음식이나 음료수는 입에 대지 마라. (꼭 먹어야 한다면 천천히 조금씩 먹어라.) 둘째, 미지근한 물을 마시거나 혀를 입천장에 대 따뜻하게 만들어라. 셋째, 입을 벌린 뒤 두 손으로 입과 코를 가린 채 빨리 숨을 들이마시고 내쉬어라. 이렇게 하면 입천장이 따뜻해지면서 두통이 가라앉는다.

아이스크림 두통의 등장

아이스크림 두통은 1850년대부터 의학 문헌에 등장했다. 처음 대중에게 널리 알려진 것은 1939년 의학 논문 〈우리는 유토피아를 요구하지 않았다 : 소비에트 러시아의 한 퀘이커 교도 가정 We Didn't Ask Utopia: A Quaker Family in Soviet Russia〉이 발표됐을 때다. 미국인 의사 해리 팀브레스Harry Timbres와 결혼한 저자 리베카 팀브레스Rebecca Timbres는 가족과 함께 러시아로 건너갔다. 거기서 예방 가능한 질병을 예방하는 걸 돕고 싶었던 것이다. 그녀는 러시아의 추운 날씨에 대해 이렇게 썼다. "코도 손가락도 아주 얼얼하니 감각이 없고…… 계속 이마를 문지르지 않으면 소위 말하는 '아이스크림 두통'에 걸리기 십상이다."

십자말풀이는 알츠하이머병 예방에 도움이 될까?

이런 말은 많이 들어본 말 중 하나다. 맑은 정신을 유지하고 싶다면 십자말풀이나 스도쿠를 많이 풀어 보라. 알츠하이머병에 걸릴 가능성이 줄어들 것이다. 과연 맞는 말일까?

환경 vs 유전

일부는 맞다. 이 문제에 대해서는 연구가 많은데 그때마다 결론 내리기 힘든 결과가 나왔다. 그러나 한 가지 사실은 밝혀진 듯하다. 5명 중약 한 명은 APoE4라는 변형 유전자를 갖고있으며 그 유전자가 있으면 노년에 알츠하이머병에 걸릴 가능성이 2배나 높다는 것이다.

변형 유전자가 있는 사람의 경우 십자말풀이나 스도쿠 같이 정신을 자극하는 활동을 계속하면 뇌 속에 비정상적인 단백질('플라크'라고도 하며 알츠하이머병에 걸리면서 많아진다)이 축적되는 걸 늦출 수 있다. 결론적으로 십자말풀이나 스도쿠 같이 지적 자극을 주는 활동은 계속하라. 해로울 건 전혀 없다.

댄스, 댄스, 댄스!

십자말풀이나 스도쿠 같은 활동에만 자극을 국한시킬 필요는 없다. 스웨덴 스톡홀름 카롤린스카연구소에서는 핀란드에 사는 60세부터 77세까지의 노인 1,200명 이상을 상대로 연구를 했으며 2009년부터 2011년까지 2년간 그들 가운데 절반의 삶을 긍정적인 쪽으로 완전히 뒤바꿔 놓았다. 노인들을 위한 운동과 에어로빅 강좌가 개설됐고 단계별 컴퓨터 게임을 통한 뇌 훈련도 진행했다. 또한 야채와 생선, 건강에 좋은 기름이 많이 들어간 식단을 제공했다.

놀랄 일도 아니지만 연구 기간이 2년쯤 됐을 때 생활 방식이 완전히 바뀐 노인들은 각종 테스트에서 대조군에 속한 노인에 비해 훨

않았다.

연구 결론이 무엇이냐는 질문에 연구 책임자 키비펠토Kivipelto 교수는 이렇게 말했다. "전면적인 생활 방식 변화를 위한 '관리'가 없을 경우, 노인들은 한 번에 한 가지씩 다른 활동을 추가하는 게 좋을 것 같습니다." 키비펠토 교수가 가장 권하는 새로운 활동은 무엇일까? 춤이다. 노인의 입장에서 춤은 헬스보다 덜 부담스러운 운동이고 재미있으며 사교 생활에도 도움이 된다. 이미 정신적으로 자극을 주는 활동을 하고 있다면 덧붙여 일주일에 한 번씩 댄스 강좌를 듣는 걸 고려해 보라.

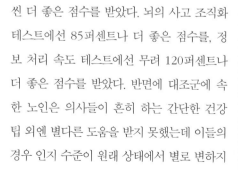

씬 더 좋은 점수를 받았다. 뇌의 사고 조직화 테스트에선 85퍼센트나 더 좋은 점수를, 정보 처리 속도 테스트에선 무려 120퍼센트나 더 좋은 점수를 받았다. 반면에 대조군에 속한 노인은 의사들이 흔히 하는 간단한 건강 팁 외엔 별다른 도움을 받지 못했는데 이들의 경우 인지 수준이 원래 상태에서 별로 변하지

교육 수준이 높을수록 유리

교육 수준이 높을수록 알츠하이머병에 걸릴 가능성이 더 낮아질 수 있다는 걸 보여주는 증거가 점점 많아진다. 카롤린스카연구소에서 행한 또 다른 연구에 따르면 교육 수준과 알츠하이머병에 걸릴 가능성 간에는 밀접한 연관이 있다. 초등학교를 졸업하고 대학 학위를 받을 때까지 계속 교육을 받을 경우 알츠하이머병에 걸릴 가능성이 매년 줄어든다는 것이다.

거짓말 탐지기를
마음대로 조작할 수 있다고?

거짓말 탐지기는 각종 영화나 리얼리티 쇼는 물론 경찰 심문 과정에서도 자주 등장한다. '폴리그래프polygraph' 즉, 거짓말 탐지기 검사는 얼마나 믿을 만할까? 거짓말 탐지기를 마음대로 조작할 수 있을까? 전문가들은 굳이 반사회적 인격 장애자가 아니더라도 얼마든지 거짓말 탐지기를 속일 수 있다고 주장한다.

혈압으로 죄를 가리다

최초의 거짓말 탐지기인 변형된 혈압 측정띠는 1917년 심리학자이자 변호사이자 발명가인 윌리엄 몰튼 마스턴William Moulton Marston에 의해 제작됐다. (그는 찰스 몰튼Charles Moulton 이란 필명으로 『원더 우먼Wonder Woman』을 썼다.)

3년 정도 후에는 캘리포니아주 경찰인 존 오거스터스 라슨John Augustus Larson이 최초의 폴리그래프를 발명했는데 이 기계는 검사 대상의 생리적 변화를 측정해주는 건 물론 결과를 종이 위에 그래프처럼 그려 보여주기도 했다.

참 다양한 거짓말 탐지기

현대적인 거짓말 탐지기의 원리는 이렇다. 먼저 검사 질문의 수준을 검사 대상이 육체적으로 편하게 느낄 만한 수준으로 맞춰 조사관이 그 사람의 '표준'에 대한 틀을 마련한다. 그다음 검사 대상자의 호흡수, 땀, 맥박, 혈압 등을 토대로 유도 질문에 대한 답을 평가한다. '피부 전도성'을 이용하는 현대적인 거짓말 탐지기도 있다. 사람이 스트레스를 받을 경우 피부가 더 효과적인 전도체로 변한다는 사실을 활용하는 것이다. 또한 MRI 결과를 활용하는 거짓말 탐지기도 있다.

기준 설정을 위한 통제된 질문

폴리그래프 검사는 검사 결과(당신이 생각하는 것만큼 분명하지 않다) 해석 훈련을 많이 받은 노련한 검사관에 의해 행해진다. 검사는 대개 검사 대상과 검사관 간의 일반적인 대화 형태로 진행된다. 검사가 시작되면 첫 질문은 그야말로 '악의 없는' 질문이다. 그런 다음 대개 '통제된' 질문을 하고 그 과정에서 검사 대상은 적어도 한 가지 선의의 거짓말을 한다고 한다. 다양한 질문이 동원되는데 "혹시 뭔가를 훔친 적이 있습니까?", "혹시 가게에서 돈을 지불하지 않고 뭔가를 가지고 나온 적이 있습니까?" 같은 유도 질문에 "아니오"라고 답한다는 것이다. 거의 모든 사람이 살아오면서 어느 시점에서는 매우 사소한 물건이라도 훔친 적이 있다는 걸 검사관이 뻔히 알고 있는데 말이다. "아니오"라고 답했지만 그 순간 검사 대상이 거짓말을 하고 있다는 육체적 징후가 나타난다. 그다음부터 검사관은 더 많은 유도 질문을 끼워 넣기 시작한다.

어떻게 속일 수 있을까?

거짓말 탐지기를 못 믿는 사람들은 누구든 거짓말 탐지기를 속일 수 있다고 주장한다. 예를 들면 머릿속으로 복잡한 수학 문제를 푼다든가 영화 〈오션스 일레븐Ocean's Eleven〉에서처럼 신발 속에 압정을 넣고 몰래 밟아 정상보다 기준치 자체를 높여서 거짓말 탐지기를 속인다는 것이다. 이후에는 거짓말을 해도 거짓말 탐지기 그래프가 피크를 찍지 않는다.

법정 증거로 쓰일 수 있을까

폴리그래프 검사 결과는 여전히 대부분의 형사 법정에서 증거로 채택되지 않는다. 그러나 보안 분야 지원자의 면접 과정에 쓰이는 등 다른 용도로 쓰이고 있다. 어떤 경우 유죄 선고를 받은 사람들이 자신의 무죄를 입증하기 위해 거짓말 탐지기 검사를 받기도 한다. 그럼에도 불구하고 현재 거짓말 탐지기 검사가 법정에서 널리 증거로 채택될 전망은 없다.

타고난 방향감각이라는 게 있을까?

주변을 둘러보면 난생 처음 가보는 낯선 거리에서도 타고난 감각으로 현재의 정확한 위치를 아는 듯한 사람이 있다. 이런 감각은 타고나는 것일까? 아니면 숙련된 기술일까? 아니면 둘 다 조금씩 해당되는 것일까?

방향감각과 관련된 세포

다른 포유동물과 마찬가지로 인간에겐 GPS(위성항법시스템)가 내장되어 있다. 길을 찾는 걸 도와주는 신경세포를 이미 갖고 있는 것이다. 뇌 깊은 곳 해마 안에 '위치 세포'가 있다. 해마는 여러 기능이 있지만 기억을 주관하며 위치 세포는 특히 주변 환경에 대한 감각을 제공할 뿐 아니라 머릿속에서 주변 환경에 대한 지도를 그리도록 도와준다. 또한 해

마 바로 옆에는 내후각피질이 있으며 그 속에 두 종류의 세포가 들어 있어 위치 세포와 함께 방향감각을 강화시켜준다. 두 종류의 세포는 '격자 세포'와 '머리 방향 세포'로 전자는 장소를 이동할 때 '길'을 알려주는 역할을, 후자는 당신이 나아가는 방향에 대한 감각을 제공한다. 이 3가지 세포는 하는 일이 매우 복잡해 아직 제대로 밝혀지진 않았지만 격자 세포와 머리 방향 세포는 서로 협력해 일하는 걸로 알려져 있다.

길눈이 매우 밝은 사람

위치 세포와 격자 세포, 머리 방향 세포는 우리에게 기본적인 위치감각을 준다. 그런데 어째서 어떤 사람은 다른 사람보다 길눈이 훨씬

더 밝을까? 세포, 특히 내 후각피질 세포 간에 오가는 신호의 강도와 관련이 있는 걸로 보인다. 누구나 그런 신호가 오가지만 어떤 사람은 다른 사람보다 신호가 훨씬 더 강하다. 알츠하이머병에 걸릴 경우 가장 흔히 손상되는 두 부위도 바로 해마와 내후각피질 부위다. 알츠하이머병의 초기 징후 가운데 하나가 방향감각 상실인 것도 이 때문인지 모른다.

방향감각 기르기

아무리 경이로운 '타고난' 감각이라 해도 사용하지 않으면 무뎌진다. 개의 후각에 대한 최근 연구에 따르면 여러 세대에 걸쳐 연습을 하지 않을 경우(인간과 끊임없이 교류하면서 필요한 모든 걸 제공 받아 후각이 그리 중요하지 않은 개의 경우) 타고난 강력한 후각 능력마저 무뎌진다고 한다. GPS를 가지고 행한 몇 가지 실험 결과

를 보면 그와 유사한 현상이 인간의 방향감각에도 일어날 수 있음을 알 수 있다. 사용자는 GPS 장치에 의존하다 보니 길눈이 밝을 필요가 없다. 또 GPS 장치가 모든 정보를 다 주기 때문에 군이 미세한 길 찾기 능력(눈에 띄는 지형지물을 활용해 길을 찾아가는 능력)이 없어도 무방하다. 만일 방향감각이 무뎌지는 게 걱정된다면 GPS 장치의 상냥한 목소리에 모든 걸 맡기지 말고 직접 지도를 보면서 여행을 해보라. 런던의 택시 운전기사는 머릿속에 방대한 런던 지역 전체의 지도가 들어 있는 걸로 유명하다. 택시 운전 자격증을 따는 데 필요한 시험인 '놀리지Knowledge'를 통해 런던 지리를 익히기 때문이다. 유니버시티칼리지런던에서 실시한 조사에서 런던 택시 운전기사의 해마가 보통 사람의 해마보다 크다고 밝혀진 것도 결코 우연이 아니다.

63 알코올 중독자가 될 사람은 따로 있는 걸까?

어떤 사람들은 자주 술을 마시거나 약물을 즐기는데도 아무 문제가 없고 또 어떤 사람은 금방 알코올 중독자나 약물 중독자가 된다. 왜 그럴까? 과거에는 중독이 도덕적 결함 탓이라고 믿었다. 아직 중독자를 둘러싼 정신 환경이 제대로 밝혀진 건 아니지만 중독 성향은 유전 및 환경, 심리가 복잡하게 뒤얽힌 것으로 보인다.

중독의 3가지 조건

유전적 요소가 있는 건 사실인 듯하지만 어떤 한 가지 요소가 중독을 결정짓는 건 아니다. 호주에서 행한 대규모 조사에 따르면 도박 중독자는 특정한 유전자를 갖고 있지만 그 유전자를 가진 사람 모두가 도박 중독자가 되지는 않았다. 유전자가 있는 사람이 중독의 가능성을 가지고 있다는 것을 알 수 있을 뿐이다. 환경 역시 중요한 역할을 한다. 어떤 아이가 중독자 부모 밑에서 자란다면 그 아이에게 중독은 환경과 유전 모두의 문제일 수 있다. 물론 아이가 나중에 중독자가 될 가능성이 더 높긴

하지만 모든 중독자의 자녀가 전부 중독자가 되는 건 아니다. 심리적인 측면과 화학적인 측면도 있다. 중독과 가장 큰 관련이 있는 것으로 알려진 뇌 부위는 변연계다. 뇌 깊숙한 곳에 위치하는 복잡한 부위로 뇌의 '보상 센터'로 불리기도 한다. 변연계는 많은 기능을 갖고 있는데 한 이론에 따르면 어떤 사람들은 다른 사람들보다 더 예민한 변연계를 갖고 있어 일부 물질의 화학반응에 더 민감하다고 한다. 결론적으로 유전, 환경, 심리라는 3가지 요소가 모두 충족될 때 중독자가 될 가능성이 높다.

신경전달물질이 뇌에 미치는 영향

중독의 각종 문제는 약물, 알코올 또는 도박을 즐길 때 분비되는 신경전달물질에서 비롯된다. 신경전달물질은 수용체 세포에 들러붙는데 원래는 잠시 머물다 분해되지만 중독성 물질이 세포의 도파민 처리에 다양한 문제를 야기한다. 중독은 처음에는 즐거운 감정을 일으킨다. 그러나 시간이 지나고 같은 자극이 반복

도파민 : 유명한 신경전달물질

도파민은 뇌의 '보상' 경로에서 중요한 신경
전달물질이다. 중요한 신경전달물질이 도파
민뿐만은 아니다. 100가지가 넘는 신경전달
물질이 확인됐으며 각각 하는 일이 다르다.
2013년 〈가디언The Guardian〉지에 실린 한
기사에서 유니버시티칼리지런던의 신경심
리학자 본 벨Vaughan Bell은 도파민을 '신경전달
물질의 킴 카다시안Kim Kardashian'이라 불렀다.
파티광으로 유명한 킴 카다시안에 빗대 도파민이
뇌의 어느 부위에 있느냐에 따라 많은 역할을 한
다는 걸 지적한 것이다. 그 기사는 많은 대중 과
학 관련 글이 거의 모든 중독 성향을 도파민 탓
으로 돌리는 경향을 비판했다. 어떤 물질이 도파
민 수치를 높인다면 그 물질은 중독성이 높다는
것이다. 틀린 말은 아니지만 도파민의 모든 것을
설명하는 말은 아니다.

되면 뇌가 거기에 적응하여 신경전달물질이
더 소량 분비되거나 신경전달물질에 대한 세
포의 민감도가 떨어진다. 이는 악순환으로 이
어진다. 같은 양의 중독성 물질이나 행동으로
는 이전과 같은 즐거움 내지 자극을 느낄 수
없어 점점 더 많은 양의 중독성 물질이나 행
동이 필요해지는 것이다. 중독에서 쉽게 벗어
나기 힘든 것은 바로 이 때문이다.

연관통은 어떤 기능을 갖고 있을까?

혹시 심장마비가 일어나기 전에 먼저 가슴이 아닌 왼쪽 어깨와 팔 또는 견갑골 사이에 심한 통증이 오기도 한다는 말을 들어본 적 있는가? 소위 '연관통referred pain'이란 것으로 뇌에서 보내는 신호에 혼선이 생기면서 나타나는 증상인데 실제로는 심장에 문제가 있는 것이다. 이는 단순한 뇌의 실수일까?

연관통은 어떻게 일어나는가?

연관통은 통증 신호가 몸의 한 부위에서 척수로 보내질 때 일어나는 것으로 통증의 근원과 직접 연관이 없는 신경을 자극해 그 부위에서 통증이 느껴진다. 연관통은 아직 완전히 파악되지 못했지만 뇌 속 혼란으로 인해 발생하는 걸로 보인다. 통증 자체에는 유용한 기능도 있어 몸의 주인이 아픈 부위에 관심을 갖게 하지만 진짜 문제가 있는 데를 찾기 위해 애를 써야 하므로 의료 전문가들에겐 골치 아픈 현상일 수도 있다.

통증 vs 문제

사람들은 종종 통증의 위치를 정확히 집어내는 데 어려움을 겪는다. 분명 몸에 문제가 있

통증의 이점

연관통은 환자에게 불편과 불안을 야기하지만 선천적으로 통증을 느끼지 않는 극소수 사람들에 비하면 아주 사소한 문제다. 1954년에 처음 확인된 '선천성 무통각증congenital insensitivity to pain(CIP)'은 환자 수가 전 세계적으로 수백 명에 불과할 정도로 아주 희귀한 병으로 공포 영화에서 가끔 다루어진다. 통증을 느끼지 않는 거의 초인적인 인물로 천하무적 이미지로 그려지는 것이다. 그러나 현실에서 선천성 무통각증을 앓는 사람들은 그런 이미지와 다르다. 통증은 사람으로 하여금 위험한 일을 하지 못하게 경고하고 억제하는 일을 한다. 그런데 통증이 그런 기능을 하지 못하는 선천성 무통각증 환자의 경우 무심하게 아주 위험한 행동을 한다. (실제로 많은 선천성 무통각증 환자가 각종 사고로 어려서 죽는다. 경고신호가 없어 조심하는 법을 배우지 못했기 때문이다.) 결국 현실에서 통증이 없다는 것은 초인적인 힘은커녕 더없이 위험한 요소다.

는데 그 느낌이 정확히 어떤지, 몸의 어디에서 발생한 건지에 대해 놀랄 정도로 부정확하다. 통증이 아주 심한 경우에도 그렇다.

통증이 '근원 부위에서' 느껴지지 않고 다음과 같이 X 부위에서 연관통이 느껴질 경우 실

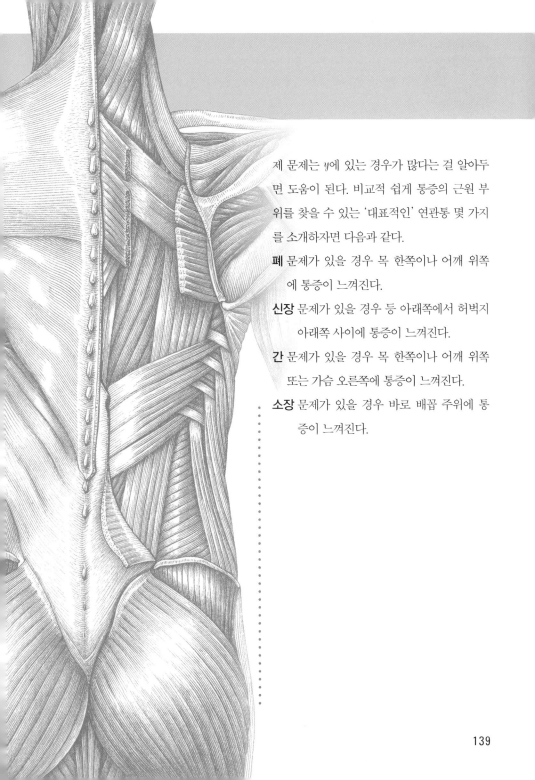

제 문제는 y에 있는 경우가 많다는 걸 알아두
면 도움이 된다. 비교적 쉽게 통증의 근원 부
위를 찾을 수 있는 '대표적인' 연관통 몇 가지
를 소개하자면 다음과 같다.

폐 문제가 있을 경우 목 한쪽이나 어깨 위쪽
에 통증이 느껴진다.

신장 문제가 있을 경우 등 아래쪽에서 허벅지
아래쪽 사이에 통증이 느껴진다.

간 문제가 있을 경우 목 한쪽이나 어깨 위쪽
또는 가슴 오른쪽에 통증이 느껴진다.

소장 문제가 있을 경우 바로 배꼽 주위에 통
증이 느껴진다.

꿈은 대체 무엇을 나타내는 것일까?

꿈이 무엇을 나타내는 건지 단정적으로 말하
긴 쉽지 않다. 꿈은 아마추어와 프로 모두가
여러 세기에 걸쳐 관심을 가진 주제이며 아주
광범위하게 연구되고 있음에도 불구하고 아
직까지 이런저런 해석으로 분분하다.

누구나 매일 밤 꿈을 꾼다

아침에 깨어나 기억을 하지 못해도(사람은
평생 자신이 꾸는 꿈의 90%를 기억하지 못한다고
한다) 사람은 매일 밤 3~6가지 정도의 꿈
을 꾼다고 알려져 있다. 어떻게 알 수 있냐
고? 잠자는 시간의 20~25퍼센트는 급속 안
구 운동REM 수면 상태인데 그 상태 자체가 꿈
을 꾸고 있다는 뜻이라는 연구 결과가 많기
때문이다.

꿈에 관한 120년간의 논의

정신분석의 아버지인 지크문트 프로이트
Sigmund Freud는 꿈과 관련된 이론을 내놓
은 최초의 위대한 현대 사상가이다. 1899년
에 출간된 저서 『꿈의 해석The Interpretation of
Dreams』에서 그는 꿈은 근본적으로 소망 성
취의 표현이라고 주장했다. 꿈은 모든 사람이

차마 밖으로 표출하지 못하거나 깨어났을 때
의식하지 못하는 생각을 더듬어 볼 기회라는
것이다.

프로이트의 『꿈의 해석』은 나온 지 120년 가
까이 됐지만 그의 이론은 반복해서 논의됐다
잊히고 다시 상기되곤 한다. 일부 사람들은 프
로이트의 의견에 반대하기도 하지만 그는 꿈
과 관련된 논쟁을 벌일 여지를 만들어주었다.

가장 유력한 꿈 이론

꿈의 목적을 설명하는 이론은 그야말로 수십 가지에 이르지만 그중 가장 유력한 이론은 다음 3가지다.

먼저 '활성화 종합 가설activation-synthesis hypothesis'이란 이론이 있다. 꿈은 그 자체로 별 의미가 없으며 뇌 속 전기 자극에 의해 만들어지는 생각과 느낌을 무작위로 모은 것이라는 이론이다. 잠에서 깰 때 우리의 의식이 뒤죽박죽 섞인 그 생각과 느낌을 '이야기'로 바꾸어 나름대로 의미를 부여한다는 것이다.

또 다른 이론은 꿈은 뇌의 정보 처리 과정에서 나오는 부산물이라는 이론이다. 잠을 자는 동안 우리의 뇌는 그 전날 획득한 모든 정보에 의미를 부여하고 저장을 하는데 꿈은 그 과정에서 나오는 부산물이거나 아직 잘 파악되지 않은 과정의 한 단계라는 것이다.

'위협-시뮬레이션 이론'이란 것도 있다. 이 이론에 따르면 꿈은 일종의 시뮬레이션 과정이다. 위협적인 꿈은 실제 인간의 삶에서 일어날 수 있는 힘든 상황에 대한 정신적 리허설 과정으로 잠이 깨 실제 그런 상황이 벌어질 때 가장 현명한 결정을 내릴 수 있도록 해준다는 것이다. 인간 외에 다른 동물도 꿈을 꾼다는 점에서 이 이론은 나름대로 설득력 있다.

악몽을 피하는 요령

잠자리에 들기 전 치즈를 먹으면 악몽을 꾸게 된다는 오랜 믿음은 그야말로 근거 없는 믿음이다. 그러나 일찍 잠자리에 들면 악몽을 꿀 가능성이 줄어든다는 연구는 있다. 2010년 터키와 캐나다에서 행한 두 연구에 따르면 아주 늦게 잠자리에 드는 사람은 악몽을 꿀 가능성이 더 높다고 했다. 이유는 명확치 않지만 이른 아침에는 자연스럽게 코르티솔 수치가 올라가기 때문이라는 것이다. 정상적인 수면 주기에서는 이른 아침이면 잠에서 깨어나기 직전이지만 아주 늦게 잠자리에 들 경우 아직 REM 수면을 하는 중에 코르티솔 수치가 높아지게 되고 유난히 생생하고 기괴한 꿈이나 완전히 공포스러운 악몽을 꾸게 될 수 있다는 것이다.

왜 마음이 아프면
실제 가슴까지 아픈 걸까?

고통은 그야말로 뇌가 관장하는 일이라는 사실을 안다. 아니, 안다고 생각한다. 그런데 왜 가끔 마음이 아플 때 진짜 가슴이 아픈 경험을 하게 되는 걸까? 마치 고통이 심장 속에 존재하는 것처럼 말이다.

심장의 통증 vs 뇌의 통증

영어에는 심장heart을 포함하는 말이 많고 실생활에서도 자주 쓰인다. 가슴이 아프다는 의미의 heartache, 마음이 무겁다는 의미의 heavyhearted, 가슴이 찢어진다는 의미의 heartbroken 등이 좋은 예다. 고통 또는 통증은 몸 전체에서 느낄 수 있지만 통증 신호가 오는 곳은 뇌 속의 전대상피질이란 부위로 육체적 고통과 정신적 고통(그 둘을 구분하진 않지만)을 모두 관장하는 부위다. 우리는 또 정신적 고통이 심장박동 수를 높이고 근육을 긴장시키며 위를 메스껍게 만들 수 있다는 사실도 안다.

비통함과 관련된 화학물질

화학물질도 고통에 한 역할을 한다. 행복감을 제공하는 기분 좋은 화학물질 도파민과 옥시토신은 스트레스가 쌓이고 불행할 경우 코르티솔과 아드레날린으로 바뀐다. 이 화학물질이 당신의 시스템 안으로 들어가면 훨씬 안 좋은 영향을 미친다. 근육을 잔뜩 긴장시켜 싸움 또는 도주 반응을 일으키며 그 결과 가슴이 아픈 듯 뻑뻑해지는 것이다.

신경 스트레스

전대상피질에 스트레스가 쌓이면 전상대피질을 자극해 뇌줄기에서 목, 가슴, 배를 타고 내려가는 주요 신경 경로인 미주신경 내 활동이 더 활발해진다. 스트레스가 과해질 경우 전상대피질이 물리적 통증과 메스꺼움을 유발하기도 하는데 이는 가슴이 아프다고 느껴질 때 일어나는 일이기도 하다.

두통이 있을 때는 섹스를 하는 게 좋을까, 피하는 게 좋을까?

은밀한 접촉을 원치 않을 때 가장 흔히 쓰는 핑계는 두통이 있다는 것이다. 그런데 정말 두통이 있을 경우 섹스를 하면 두통이 더 악화될까?

진통제보다 섹스

어떤 종류의 두통에는 섹스가 도움이 된다. 편두통과 군발성 두통의 통증을 완화시켜주는 데 도움이 되는 것이다. (실제 어떤 사람들은 섹스를 진통제처럼 활용하기도 한다.) 2013년 독일 뮌스터대학교가 많은 두통 환자를 상대로 실시한 연구에 따르면 편두통이 잦은 연구 대상자 중 절반 이상이 섹스를 하면 편두통이 완화됐으며 5명 중 한 명은 편두통이 완전히 사라졌다.

오르가슴 때 분출되는 엔도르핀

섹스를 하면 왜 편두통이 사라질까? 섹스가 편두통에 효과가 있는 건 아마 성행위 그 자체보다는 오르가슴 때문일 것이다. 중추신경계에 엔도르핀이 대량 분출되면서 뇌로 가는 메시지를 가로막아 통증이 완화된다.

두통을 일으키는 섹스

섹스가 두통을 완화시켜준다는 좋은 소식도 있지만 나쁜 소식도 있다. 어떤 사람의 경우 섹스와 두통 관계가 전혀 다르다. 섹스를 하고 난 직후 심한 두통에 시달리는 사람이 있는 것이다. 전문가들은 그 원인을 다음 2가지로 꼽는다. 첫째, 섹스를 할 때의 자세 때문에 등이나 목에 압박을 받아 두통이 생기는 것과 둘째, 이름부터가 아주 직선적인 성교 두통이라는 게 있는데 오르가슴에 이은 혈관 확장이 그 원인이다. 결국 '섹스가 두통을 치유해줄까?'라는 질문에 대한 답은 '그렇다. 그러나 두통을 일으키기도 한다'이다.

사람의 뇌는 몇 와트 정도를 사용할까?

사람의 뇌는 몸이 만들어내는 전체 에너지의 20퍼센트 가까이 사용하는데 다른 어떤 장기보다 많은 에너지를 사용하는 것이다. 그 에너지를 와트로 환산한다면 어떨까? 사람 뇌의 에너지로 전구를 하나 켤 수 있을까?

명쾌한 뇌, 침침한 전구

재미 삼아 뇌의 에너지를 와트로 환산하면 12.6와트다. 이 수치는 2012년 〈사이언티픽 아메리칸Scientific American〉지에 게재된 페리스 자브르Ferris Jabr의 글에서 나왔다. 12.6와트는 보통 사람의 평균 안정시 대사율에 쓰이는 칼로리(약 1,300kcal)를 에너지 또는 일의 단위인 줄joule로 바꾸고 그 줄을 다시 와트watt로 바꾼 뒤, 그 전체 와트 수(63W)를 5(20%)로 나눠 나온 것이다. 상업 에너지 차원에서 봐도 그리 큰 와트 수는 아니다. (25W짜리 전구가 비추는 침침한 빛을 생각해보라. 하지만 이는 인간 뇌 에너지 와트의 2배다.)

뇌 에너지는 어디에 쓰일까?

2008년 미네소타대학교 의대에서 실시한 연구에 따르면 뇌 에너지 수요의 3분의 2는 커뮤니케이션 즉, 신경 세포가 뇌가 하는 모든 일을 충족시키는 데 필요한 신호를 보내는 데 쓰이고 나머지 3분의 1은 주로 몸이 쉬는 동안에 진행되는 유지 보수 작업에 쓰인다고 한다.

생각지도 못한 일

흥미롭게도 이처럼 미미한 뇌 에너지는 뇌가 사고 및 몸 관리라는 힘든 일을 하는 데 쓰일 뿐 아니라 당신이 생각지도 못했을 수십 가지 잡다한 일을 처리하는 데 쓰인다. 예를 들어 당신이 눈을 깜박깜박하는데 왜 세상은 순간순간 멈추지 않을까? 당신의 뇌가 미미한 간극을 매끄럽게 이어주기 때문이다. 눈꺼풀이 내려갈 때 눈에 보이는 것을 기록해 두었다가 다시 눈을 뜰 때 보이는 그림에 기록해 둔 그림을 연결한다.

당신의 머릿속

IN YOUR HEAD

인간의 뇌는 잠시도 쉬지 않고 몸 전체의 컨트롤 타워 역할을 수행한다.
퀴즈를 풀면서 당신의 뇌가 침침한 전구인지 뛰어난 컴퓨터인지 알아보라.

Questions

1. 당신이 만일 과잉기억증후군을 앓고 있다면 당신은
   a) 유난히 건망증이 심한 것
   b) 엄청난 기억력을 갖고 있는 것

2. 윌리엄 몰튼 마스턴은 최초의 원시적인 거짓말 탐지기를 발명했다. 그는 또 무엇으로 유명한가?

3. 어떤 신경전달물질이 한 기사에서 '신경전달물질의 킴 카다시안'이라 불렸는가?

4. CIP는 어떤 질병의 줄임말인가?

5. 눈을 깜박깜박할 때 왜 세상이 멈추지 않을까?

6. '스피노펠러타인 갱글리오뉴랄지아'는 편두통의 전문용어다. 맞을까 틀릴까?

7. 교육 수준이 높은 사람일수록 알츠하이머병에 걸릴 가능성이 더 낮아지는가?

8. 위치 세포, 격자 세포, 머리 방향 세포가 서로 잘 조화를 이뤄 일할 때 당신은 무엇을 할 수 있게 되는가?

9. 만일 목에 통증이 있다면 그건 간에 문제가 있다는 신호일 수 있다. 맞을까 틀릴까?

10. 잠자는 사람의 눈동자가 감겨진 눈꺼풀 밑에서 빠른 속도로 움직인다는 건 무슨 의미인가?

Answers

정답은 212페이지에서 확인하세요.

CAUSE AND EFFECT

원인과 결과

우리는 왜 스스로
간지럼을 태울 수 없을까?

사람의 코는 얼마나 많은 냄새를 구분할 수 있을까?

당신은 아마 당신의 청력이 어느 정도 좋은지 시력은 어느 정도인지 알 것이다. 그런데 당신은 얼마나 많은 냄새를 구분해낼 수 있는지 확실하게 말할 수 있는가?

1조 가지 냄새를 구분하는 인간

몇 년 전까지만 해도 인간은 대략 1만 가지의 냄새를 구분할 수 있다는 과학적 견해가 대세였다. 1만이라는 숫자는 1927년에 행한 실험 과정에서 나온 것으로 그 실험은 4가지 기본적인 냄새, 향긋한 냄새, 시큼한 냄새, 카프로산 냄새(사향 냄새 또는 달콤한 냄새를 뜻하는 전문용어), 탄 냄새를 각기 10가지 농도에서 서로 뒤섞은 뒤 맡아 보는 방식으로 진행됐다. 이 실험 결과는 80년 넘게 널리 인정됐다. 그러나 2014년 뉴욕 록펠러대학교의 신경유전학 및 행동 연구소에서 실시한 실험으로 1만 가지 냄새라는 추정치가 변했다. 이 실험의 결과는 발표되자마자 각종 과학 매체에 의해 널리 알려졌는데 평균적인 인간은 무려 1조(너무 큰 숫자라 감이 잡히지 않을 텐데 1조는 100만의 100만 배다) 가지의 냄새를 구분할 수 있다는 게 그 골자였다. 인간의 후각 능력에 대한 공식적인 견해를 완전히 뒤엎는 결과였다.

검사 방법의 오류

록펠러대학교 연구 팀은 128가지의 다른 냄새 분자를 분리해 서로 뒤섞은 뒤(10가지, 20가지, 30가지씩 다른 분자를 조합하는 방식으로) 실험 참가자에게 한 번에 3가지 냄새를 제시했다. 각 실험에서 2가지 냄새는 같은 조합이었고 한 가지는 다른 조합이었다. 심지어 3가지 냄새

조합 모두에 같은 성분이 절반 이상 들어 있는 경우에도 실험 참가자는 셋 중 어떤 냄새가 다른지 구분했다. 1조 가지 냄새라는 수치는 가능한 모든 조합을 곱해서 나온 것이다.

유감스럽게도 실험의 결과가 발표된 지 1~2년 후, 다른 과학자들이 이 실험의 수학적 계산 방식에 의문을 표했고 1조 가지 냄새라는 실험 결과에도 의문을 제기했다. 결국 1조 가지는 계산 오류라고 밝혀졌지만 이 실험은 인간의 후각이 예전에 생각했던 것보다 훨씬 뛰어나다는 걸 확신시켜 주었다.

말로 표현하기 힘든

사람들은 냄새, 후각적인 것보다는 시각적인 것과 청각적인 것이 더 생생히 기억날 거라고 생각하지만 그건 틀린 생각이다. 과거의 기억에 관한 한, 두 번 볼 것 없이 후각의 승이다. 냄새는 다른 감각과는 다른 방식으로 뇌에 도달한다. 시각 및 청각, 촉각, 미각 정보는 시상에서 처리된 뒤 뇌의 다른 부위로 보내지지만 후각 정보는 바로 대뇌 변연계의 일부인 후각 망울로 보내진다. 대뇌 변연계는 기억력을 만들어내는 일을 하는 해마는 물론 감정 센터인 편도체와도 연결되어 있다. 냄새가 오랫동안 잊혔던 기억을 되살릴 만큼 강력한 이유도 바로 이것이다. 여기서 고려해야 할 또 다른 요소가 있다. 우리는 냄새에 따로 이름을 붙이지 않는다. 그냥 딸기 냄새, 우유 냄새 식으로 말하지 별도의 이름은 없다. 묘하게도 기억에 관한 한 명확한 언어는 오히려 방해가 될 수 있다. 냄새가 다른 감각 정보에 비해 기억이 더 잘 되는 것도 어쩌면 관련 언어가 없기 때문인지도 모른다.

눈물의 물리적 측면은 무엇일까?

모든 것은 우리가 어떤 눈물을 얘기하느냐에 따라 다르다. 인간은 각기 다른 이유로 3종류의 눈물, 즉 '기저 눈물', '반사 눈물', '감정적 눈물'을 흘린다. 앞의 두 가지 눈물은 아주 분명한 물리적 기능을 갖고 있고 세 번째 눈물은 훨씬 더 복잡하다.

생각보다 복잡한 눈물의 성분

모든 눈물은 눈 바로 위에 위치한 눈물샘에서 만들어진다. 그런 다음 눈물길을 통해 눈의 안쪽 구석까지 가, 그곳에서 분출된다. 눈물은 단순한 소금물이 아니며 비타민과 미네랄, 오일, 점액 그리고 일종의 천연 항생물질인 라이소자임이 함유되어 있다. 점액은 눈물이 안구

에 붙어 있게 해주는 역할을 하며 라이소자임은 잠재적인 눈 감염을 방지하고 오일은 눈물이 증발해 눈이 마르는 걸 막아준다.

3가지 눈물이 하는 일

기저 눈물은 종일 눈에 윤활유 역할을 할 수 있을 정도의 양만큼 만들어진다. 이와는 달리 반사 눈물은 어떤 자극에 반응할 때 즉, 눈에 작은 먼지가 들어가 그걸 제거하기 위해 만들어진다. 기저 눈물과 달리 반사 눈물은 눈에 들어온 이물질을 씻어 내기 위해 대량으로 만들어진다.

감정적 눈물은 스트레스를 받거나 감정이 북받칠 때(드물게는 너무 기쁠 때도) 만들어진다. 18세기에는 감정적 눈물의 원인에 대한 매력적인 이론이 널리 받아들여졌다. 각종 감정의 온기로 인해 심장이 과열되고 그 심장을 식히기 위해 수증기가 만들어진다는 이론이다. 그 수증기가 몸 위로 올라오면서 액체 상태의 물로 응축되고 마침내 눈을 통해 눈물방울 형태로 빠져나간다는 것이다. 워낙 깔끔하고 매력적인 이론이어서 사실이 아니라는 게 유감스러울 정도다.

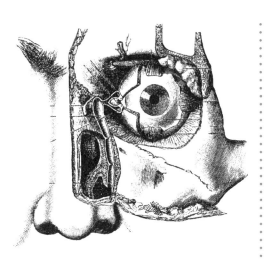

양파는 왜 그럴까?

이쯤에서 이런 생각을 해볼 수 있다. 반사 눈물이 눈을 보호하기 위한 거라면 양파는 대체 왜 우리를 눈물 흘리게 만드는 걸까? 그건 양파 자신을 보호하기 위해서다. 양파, 파, 마늘 같은 식물은 동물에게 먹히지 않으려고 아주 자극적인 냄새(프로파네티알-S-산화물이라는 화학물질 냄새)를 내보낸다. 어떤 동물이 양파를 통째로 씹을 경우 눈에 고통스레 톡 쏘는 느낌이 와 기겁을 하며 이후 이 공격적인 음식은 거들떠도 안 보게 되는 것이다. 그러나 인간은 양파를 열에 푹 익혀 화학물질과 톡 쏘는 효과를 없앰으로써 양파의 저항을 무력화시켰다.

현재는 감정을 관리하는 뇌 속 변연계가 아세틸콜린이라는 신경전달물질 분비를 촉진하여 눈물샘에서 눈물이 만들어진다고 알려져 있다. 그러나 감정적 눈물이 나오는 정확한 이유는 아직 밝혀지지 않았으며 여러 가지 의견이 분분하다. 감정적 눈물은 사회적 구조 신호의 일환으로 진화된 거라는 이론도 있다. 그러니까 눈물이 주변 사람에게 도움을 요청하는 신호 역할을 한다는 것이다. 또한 우는 사람 입장에서 눈물은 카타르시스가 된다는 이론도 있다. 눈물을 통해 힘겨운 감정을 추스르고 복잡한 마음을 정리해 주어진 상황에 잘 대처할 수 있게 한다는 것이다.

카타르시스 이론을 뒷받침하는 것은 감정적 눈물이 다른 눈물과는 다른 화학 성분을 갖고 있다는 사실에서 나왔다. 감정적 눈물은 기저 눈물이나 반사 눈물에 비해 망간(망간 수치가 너무 높으면 우울증으로 이어지기도 한다)과 스트레스 호르몬이 더 많이 함유되어 있다. 어쨌든 감정적 눈물은 적어도 몸에서 감정을 악화시키는 화학물질을 제거해준다.

몸의 모든 세포는 7년마다 새로워진다는데 사람은 왜 늙을까?

흔히 사람 몸의 모든 세포는 7년마다 새로워지는데 사실이 아니다. 대체 어디서 나온 얘기일까? 아무도 모른다. 그러나 이 얘기는 사람 몸은 10년마다 완전히 새로워진다는 또 다른 얘기와 함께 여전히 사람들의 입에 오르내린다.

지방세포의 수명은 8년!

세포는 타고난 수명이 있는데 세포의 종류에 따라 크게 다르다. 어떤 세포는 평생 간다. 사람의 뇌 세포는 평생 교체되지 않는다. 반면에 장벽을 형성하는 세포는 수명이 3~4일밖에

안 된다. 그 사이에도 많은 세포가 있다. 폐포 세포의 수명은 약 1주일, 적혈구의 수명은 약 4달, 지방세포의 수명은 8년이나 된다. 섬뜩하면서도 매혹적인 일이지만 어떤 세포는 사람이 죽고 난 뒤에도 산다. 심장이 멈추고 호흡이 중단되어도 몸 어딘가의 세포는 몇 시간 또는 하루 이틀을 더 사는 것이다.

세포의 노화 과정

세포는 스스로를 복제하면서 계속 새로워진다. 똑같은 세포를 새로 만들어내는 유사분열이란 걸 통해 증식하는 것이다. 유아에서 성

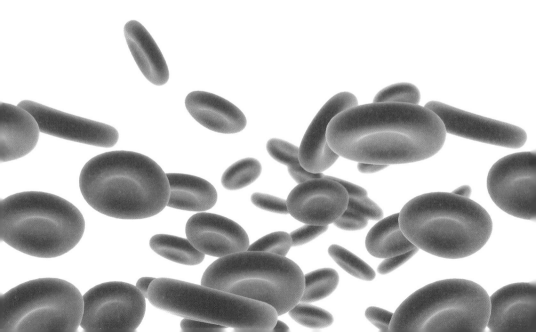

인이 될 때까지 성장을 하는 한 세포는 계속 증식한다. 그러나 성장이 멈추면 세포는 손상되거나 죽은 세포를 대체할 목적에서만 분열된다. 또한 세포도 노화한다. 모든 세포에는 DNA가 들어 있고 모든 DNA 사슬 끝에는 말단소체라는 필수적인 '모자'가 씌워져 있다. 세포가 스스로를 복제할 때마다 이 말단소체는 조금씩 짧아지며 세포가 노화되면 결국 너무 짧아져 더 이상 분열할 수 없게 되고 세포는 죽는다. 사람의 몸은 세포로 이루어져 있어 세포가 노화되면 사람도 함께 노화된다.

문신은 얼마나 오래갈까?

조금 흐려지긴 하겠지만 일부러 지우지 않는 한 문신은 평생 간다. 그것은 문신 바늘이 피부 속 깊이 파고들어 표면층인 표피의 아래쪽 진피까지 들어가기 때문이다. 표피의 세포는 늘 마모되어 새로운 세포로 교체되지만 진피의 세포는 그리 빨리 교체되지 않는다. 게다가 문신을 이루는 잉크 조각은 사람 기준에서는 매우 작지만 이물질 퇴치가 제 임무인 백혈구가 처리하기엔 너무 크다. 문신을 효과적으로 제거하고 싶다면 레이저를 이용하는 방법밖에 없다. 레이저 광선으로 잉크 조각을 쪼개 미세한 조각으로 만들고 이물질 제거를 위해 정기적으로 순찰을 도는 백혈구가 퇴치하게 한다.

우리는 왜 스스로
간지럼을 태울 수 없을까?

어린아이들은 간지럼을 태우면 그야말로 히스테리할 정도로 즐거운 모습을 보여준다. 그러나 나이가 들면 누가 간지럼을 태워도 그렇게 즐겁지 못하고 진저리 치며 싫어하는 경우도 있다. (통제력이나 품위를 잃는 게 두려워지기 때문일까?) 아이들도 알고 있는 사실이지만 스스로 간지럼을 태우는 건 불가능하다. 왜 그럴까?

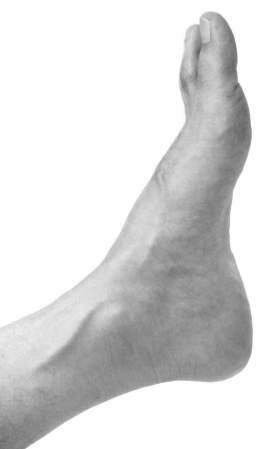

자기 인식에 관한 복잡한 문제

얼핏 보면 간단한 문제 같지만 이 의문은 사람이 어떻게 스스로를 다른 사람과 다른 독립된 개체로 경험하느냐 하는 것과 관련해 아주 복잡한 문제를 제기한다. 당신이 당신이라는 걸 알고 있다는 생각은 워낙 확고해 뻔한 일 같아 보이지만 아직 그 어떤 인공지능에 대해서도 똑같은 자아감을 부여하는 건 불가능하며 이는 생각보다 훨씬 더 복잡한 문제다. 유니버시티칼리지런던의 인지신경과학연구소는 실험을 통해 사람들이 다른 누군가가 간지럼을 태울 때와 스스로 간지럼을 태울 때 어떻게 다른 뇌 반응을 보이는지를 살펴보았다.

예측할 수 없는 자극

실험에 따르면 스스로 간지럼을 태울 경우 사람의 뇌는 간지럼을 태우는 게 다른 사람이 아닌 바로 자신의 행동이라는 걸 '경고'하기 위해 감각 피질(촉감 정보를 받아들이는 부위)과 전대상피질(즐거운 감각을 처리하는 부위)에 동시에 신호를 보낸다고 한다. 감각 피질 메시지는 다른 사람의 손이 무릎을 문지르면 반응을 보이지만 자신의 손이 문지를 때는 반

웅을 하지 않게 한다. 스스로 문지를 때는 손이 몸의 어느 부위를 건들지 미리 예측되지만 다른 사람이 건들 때는 이런 예측을 할 수 없기 때문이다.

인지신경과학연구소는 참가자가 자신의 내부 시스템을 속이며 스스로 간지럼을 태울 수 있는지에 대한 실험도 했다. 그 실험에선 참가자에게 레버를 움직여 자신의 손을 간지럼 태우게 했는데 간지럽히는 간격은 미세하게 들쭉날쭉했다. 그렇게 간지럼 태우는 시기가 들쭉날쭉해지자 스스로 간지럼을 태우는 일이 가능해졌다. 언제 간지럼 태우는 일이 일어날지 정확히 예측하지 못하게 됐기 때문이다.

두 종류의 웃음

과학자들은 두 종류의 간지럼, 즉 '크니스메시스knismesis'와 '가갈레시스gargalesis'를 확인했다. 크니스메시스는 깃털로 손을 살살 문지를 때 받는 '가벼운' 간지럼으로 웃음을 터뜨리지는 않는다. 반면에 가갈레시스는 '심한' 간지럼이라 할 수 있다. 자신도 모르게 웃음을 터뜨리게 되는 간지럼이다. 간지럼만 두 종류가 아니라 웃음도 두 종류다. 심한 간지럼으로 나오는 웃음은 뭔가 우스운 얘기를 들었을 때 나오는 웃음과는 다르다. 2013년 독일 튀빙겐대학교에서 실시한 연구에 따르면 두 종류의 웃음은 '롤란딕 뼈판(감정 반응과 그에 따른 얼굴 움직임을 통제하는 뇌 부위)' 안에서 느껴지는 것이고 간지럼으로 인해 나오는 웃음은 시상하부(아드레날린 분비로 투쟁–도피 반응을 촉발시켜 위험에 대비하게 하는 뇌 부위)의 반응까지 촉발한다고 한다.

인간의 결점은 왜 진화 과정에서도 없어지지 않았을까?

이제 막 직립보행을 시작한 유인원을 오늘날의 호모사피엔스로 변화시키고 또 인간으로 하여금 환경의 도전을 잘 극복하게 해준 게 진화라면, 왜 인간은 여전히 쓸모없는 사랑니를 갖고 있을까? 꼬리뼈는? 인간은 왜 아직 완벽하지 못할까?

진화의 본질

진화 과정이 육체적으로 보다 우월한, 일종의 초인간을 향한 끝없는 추구라는 생각은 잘못된 것이다. 진화는 그런 게 전혀 아니다. 다윈의 적자생존 모델에서 말하는 진화란 한 생물이 자신의 환경에 적응하기 위해 발전해 나가는 과정이다. 어떤 생물 종이 객관적인 '최선'을 향해 나아가는 과정이라기보다는 아주 느릿느릿 움직이는 컨베이어 벨트에서 작업하듯 목적에 맞지 않고 성장 및 번식에 장애가 되는 특징을 아주 서서히 제거해 나가는 과정에 더 가깝다.

인간이 익히지 않은 동물 시체를 찢어 먹기 위해 아직 이빨을 사용한다면 사랑니(원래는 아주 요긴한 세 번째 어금니로 짐승 고기를 자를 칼이 없던 시절에 큰 고기 조각을 씹는 데 사용됐다)는 지금처럼 무용지물이 되진 않았을 것이다. 그러나 인간은 다른 쪽으로 진화해 왔다. 공동체를 이루고 사는 걸 배우고 농사짓는 걸 배웠으며 요리와 칼을 발명했다. 더 이상 세 번째 어금니가 필요 없지만 있어도 생존에 심각한 장애가 되진 않는다. 퇴화한 꼬리인 꼬리뼈도 마찬가지다. 누구도 사랑니나 꼬리뼈가 있다고 해서 죽진 않기 때문이다.

진화는 끝난 걸까?

일부 과학자들은 인간의 진화
는 사실상 끝났다고 믿는다. 적어
도 서구인은 인간의 생존율이 워낙 높아
군이 없애야 할 육체적 결점이 없다고 주장한
다. 군이 진화할 필요가 없다는 것이다. 반대로
세상을 변화시킬 미래의 일 때문에 인간의 진
화가 시험대에 오를 거라고 생각하는 사람도
있다. 이른바 '선진화된 세계'의 시간이 진화론
적 관점에서 보자면 불과 몇 초에 지나지 않는
다고 보는 것이다.

살아 있는 화석

혹시 6,600만 년 전에 멸종된 걸로 추정되던 물
고기 실러캔스가 1939년 남아프리카공화국 해안
에서 발견됐다는 놀라운 이야기를 들은 적 있는
가? 유튜브 동영상에서 무려 1억 4,800만 년 전
에 살았던 원시 생물 같은 투구게가 화석에서 보
던 모습에서 별로 달라지지 않은 모습으로 현재
까지 살아 있는 걸 본 적이 있는가?
오랜 세월 과학자들은 주로 진화 과정에서 큰 변
화를 겪어 조상들과 아주 다른 모습을 띠게 된
생물에 관심을 집중했다. 별로 변화하지 않은 생
물에게는 찰스 다윈의 '살아 있는 화석'이란 이름
이 붙여졌다. 그러나 자신들의 먼 조상과 비슷하
다고 해서 살아 있는 화석은 실패작인 걸까? 아
니다. 자신들의 오랜 서식지에서 여전히 잘 살고
잘 번식하고 있으니 진화의 실패작이 아니라 오
히려 놀라운 성공작이라 할 수 있다. 2014년에 발
표된 한 연구에서 고생물학자들은 이 '살아 있는
화석'에게 '스태빌로모프stabilomorph'라는 새로
운 이름을 붙였다. 거의 변화 없이 안정된 형태를
취하고 있다는 의미의 이 말이 이들의 독특한 진
화 상태를 더 잘 보여준다고 생각했다.

사람들은 왜 무서운 것을 보고 비명 지르기를 즐길까?

공포 영화 〈나이트메어Nightmare〉의 프레디 크루거Freddy Krueger 같은 살인마를 현실에서 만나고 싶진 않다. 그러면서도 영화 속에서 그를 만나는 것은 왜 그렇게 짜릿할까? 피비린내 나는 '슬래셔 무비', 위험한 스포츠, 롤러코스터 등을 즐기는 사람들은 왜 또 그리 많을까? 우리가 즐거움을 얻기 위해 추구하는 인위적인 공포와 '실제의' 공포가 다른 점은 무엇일까?

가상의 위험을 즐기다

앞의 질문에 답하자면 화학물질 및 전후 사정에서 찾을 수 있다. 전후 사정이 보다 간단한 측면이니 먼저 이야기해 보자. 당신이 가상의 위험을 즐길 수 있는 것은 실제로 당신이 안전하다는 걸 잘 알기 때문이다. 그래서 대부분의 사람들이 무서운 영화를 즐긴다. 롤러코스터 타는 걸 좋아하는 사람은 그리 많지 않고 번지점프나 낙하산 점프를 시도하는 사람은 그보다 훨씬 더 적다. 후자의 활동은 더 높은 수준의 실제 위험이 따르지만 영화는 분명하게 진짜가 아니다.

편도체와 해마의 역할

사람의 뇌는 여러 가지 일을 통해 실제 공포와 '거짓' 공포의 차이를 알아낸다. 실제 위협에 대한 반응은 '투쟁-도피' 반응(오른쪽의 박스 참조)이다. 이는 위험에 빠졌을 때 당신의 몸이 최대한 효과적으로 행동할 수 있게 해주는 반응으로 뇌의 감정센터인 편도체에 의해 촉발된다. 그러나 편도체 근처에 있는 해마가 실제 위협의 정도를 전후 사정 속에서 파악하며 필요하다면 편도체의 반응을 억제해 위험 신호에도 불구하고 당신이 실제로는 안전하다는 걸 깨닫게 해준다.

아드레날린 중독의 메커니즘

이른바 '즐거운 공포'를 감내할 수 있는 한계치는 사람마다 아주 다르다. 공포에 대한 반응으로 당신 뇌에서 분비되는 화학물질은 대개 당신이 긍정적인 흥분 상태에서 분비되는 화학물질과 같다. 어떤 사람은 금방 화학물질 포화 상태에 이르지만(아드레날린의 폭발적 분비를 더 이상 원치 않는다) 스릴을 즐기는 이른바 '아드레날린 정키adrenaline junkie'는 화학물질의 폭발적 분비에 중독성을 보이기도 한다. 스릴을 즐기는 사람의 경우 보다 신중한 사람에 비해 시상하부에서 '보상' 신경전달물질인 도파민이 더 많이 분비되는 걸로 알려져 있다. 보다 신중한 사람은 위험을 감수하는 일로 더 많은 도파민이 분비되지도 않고 더 큰 스릴을 얻기 위해 굳이 위험을 무릅쓰려 하지도 않는다.

투쟁 또는 도피

스트레스 받는 일이 생기면 편도체가 시상하부에 신호를 보내고 시상하부가 부신에 경고를 하여 부신이 혈류 속에 아드레날린을 쏟아 낸다. 그러면 혈액순환이 이루어지면서 심장박동이 빨라지게 되고 산소를 최대한 흡입하기 위해 폐의 기도가 확장되면서 호흡이 더 빨라진다. 아드레날린은 당신에게 더 많은 에너지를 주기 위해 추가 포도당은 물론 몸의 곳곳에 저장된 지방이 혈류 속으로 분비되게 만든다. 이 모든 반응은 그야말로 순식간에 일어나 위협의 성격에 따라 투쟁을 하거나 도피를 할 수 있게 해준다. 만일 위협이 지속될 경우, 시상하부에서 뇌하수체에 두 번째 신호를 보내며 뇌하수체는 부신피질자극호르몬을 부신 쪽으로 보내 코르티솔이 만들어지게 한다. 아드레날린으로 촉발된 '높은 경계 수준'의 반응은 이렇게 지속된다. 위험이 줄어들면 체내 코르티솔 수치가 떨어지면서 점차 정상 상태로 돌아간다.

나이가 들면 왜 코를 더 많이 골까?

코를 전혀 골지 않던 사람도 나이가 들면서 코를 골기 시작하는 경우가 많다. 가볍게 코를 골던 사람이 나이가 들면서 코 고는 소리가 불규칙해지고 아주 커지는 경우도 많다. 코골이의 원인은 무엇이며 왜 나이가 들수록 더 악화되고 고치기 힘든 것일까?

코를 고는 이유

코골이는 아주 흔한 문제다. 1993년에 나온 연구에 따르면 대규모 다양한 참가자 가운데 44퍼센트의 남성과 23퍼센트의 여성이 자주

코를 고는 걸로 나타났다. 코골이는 잠자는 동안 근육이 느슨해지면서 나타나는 현상이다. 깨어 있는 동안 기도를 열어 놓는 일을 하던 근육이 잠든 사이에 느슨해지면서 기도가 좁아지거나 심한 경우 부분적으로 막혀 공기 흐름이 불규칙해진다. 원래 공기는 조용히 부드럽게 목을 지나 폐로 들어갔다 나왔다 해야 하는데 기도의 폭이 불규칙해지며 힘겹게 지나가거나 갑자기 터지듯 지나간다. 바람이 느슨해진 기도 안의 근육을 때리면서 불규칙하고 시끄러운 코골이 소리가 나게 된다. 또한 뚱뚱한 사람이 마른 사람보다 더 큰 소리로 코를 고는데 기도 벽에 축적된 지방이 느슨해진 근육처럼 떨기 때문이다. 또한 근육은 나이가 들수록 더 느슨해져 나이가 들면 코골이는 심해진다.

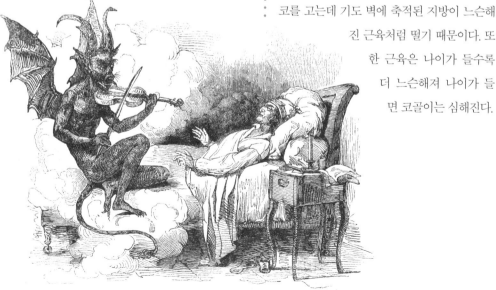

테니스공 하나면 코골이 뚝!

코골이를 멈추게 해준다는 방법은 꽤 많은데 어떤 방법은 기발하게 느껴지기도 한다. 천장을 보고 바로 누워 자는 것보다는 옆으로 자는 게 기도를 덜 막는다. 그래서 말만 들어도 불편한 방법이지만 접착테이프로 테니스공을 등에 붙여 자다가 바로 눕지 못하게 하라는 사람도 있다.

코골이의 치명적인 결과

코골이는 불편한 일이지만 때로는 위험할 수도 있다. 잠을 자다가 완전히 호흡이 중단되기도 하는 수면무호흡증후군은 위험한 코골이 증상이다. 이런 증상은 매우 자주(심한 경우 매분마다) 일어날 수 있으며 몸이 산소가 부족해지고 있다는 걸 인지하게 되면 놀라서 깬다. 그 결과 수면 장애, 가끔은 아주 심각한 수면 장애를 일으킨다. 뿐만 아니라 심장마비나 뇌졸중 위험도 더 높아지므로 수면무호흡증후군 진단을 받으면 심각하게 받아들여야 한다.

디저리두 치료법

코골이 해결책 중 가장 특이한 것은 무엇일까? 호주 원주민들의 목관악기 '디저리두' 연주법을 배우면 도움이 된다고 한다. 2006년 스위스에서 행해진 실험에서는 수면무호흡증후군 환자에게 2달간 규칙적인 디저리두 연주 레슨을 시켰다. 실험 참가자는 일주일에 5번, 매일 적어도 20분씩 연습해야 했다. 그 결과는 긍정적이었다. 낮에 졸린 증상(수면무호흡증후군의 일반적인 증상)이 줄었을 뿐 아니라 배우자가 밤새 잠을 설치는 일도 크게 줄어든 것이다. 대체 어떤 원리일까? 디저리두를 연주하려면 순환호흡법을 익혀야 한다. 그러니까 입으로는 악기에 들어가는 공기 흐름을 조절하며 코로 공기를 들이마시는 건데 그 과정에서 기도의 근육이 팽팽해져 밤새 덜 펄럭거리게 되는 것이다.

인간은 왜 금빛 눈동자가 없을까?

갈색, 파란색, 회색 이따금 녹색 또는 녹갈색 등 인간의 눈 색깔은 왜 이렇게 제한적일까? 왜 고양이처럼 에메랄드빛 눈을 가진 인간은 볼 수 없는 걸까? 왜 금색 또는 선홍색 눈을 가진 인간은 없는 걸까?

유전자의 결정

눈 색깔은 유전적으로 결정되며 동공을 둘러싼 반지 모양의 근육인 홍채 색소에 의해 만들어진다. 인간은 우선 다양한 홍채 색을 갖고 있지 못하다. 개처럼 인간이 길들인 일부 종은 그런 경우가 있지만 다른 야생동물에서도 한 종에서 다양한 눈 색깔이 나오는 경우는 매우 드물다. 그 이유는 아직 제대로 밝혀지지 않았지만 진화 관점에서 그런 변이는 비교적 최근 들어 일어난 걸로 알려져 있다.

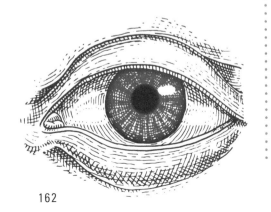

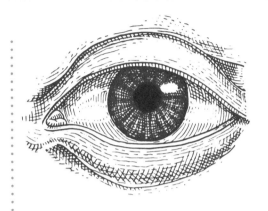

멜라닌과 눈 색깔

인간의 눈 색깔은 피부와 머리카락 색을 결정하는 색소인 멜라닌에 의해 결정된다. 멜라닌은 보다 어두운 색을 만들어내는 검은색 및 갈색 유멜라닌, 빨간색에서 노란색을 만들어내는 페오멜라닌(지질 색소라고도 한다) 등 3가지 변종이 있다. 눈 색깔은 눈의 어느 부분에 얼마나 많은, 어떤 멜라닌이 있느냐에 따라 달라진다. 모든 눈은 홍채 뒤쪽에 유멜라닌이 있으나 당신 눈이 어떤 색으로 보이느냐 하는 것은 홍채 앞쪽에 있는 멜라닌의 종류와 양 그리고 두께에 의해 결정된다. 예를 들어 갈색 눈의 경우 홍채 앞쪽에 유멜라닌이 많고, 녹갈색 눈의 경우 유멜라닌과 페오멜라닌이 균형을 이루고 있다. 파란색 눈의 경우 멜라닌 수치는 매우 낮다. '파란색'은 홍채 자체의 파란 색이라기보다는 그곳에서 투영된 색이다.

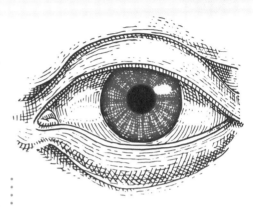

금빛 눈, 핏빛 눈

인간의 경우 금빛 눈은 없는데 눈 색깔을 결정짓는 색소에 그런 색은 없다. 다른 종에서 금빛 눈이 나타나는 것은 그 종이 우리와는 다른 여러 색소를 갖고 있기 때문이다. 인간의 경우 멜라닌에 의해 눈 색깔이 결정되지만 딱한 가지 예외가 있다. 백색증(피부 및 머리카락, 눈에 색소가 없는 병)에 걸린 사람들은 눈이 빨간색으로 보이는데 이는 색소가 있어서가 아니라 없기 때문에 눈 뒤쪽의 붉은 혈관이 그대로 드러나 보이는 것이다.

파란 눈의 아기

백인 성인 중에 파란 눈을 가진 사람은 20퍼센트 정도밖에 안 되지만 대부분의 백인 아기는 파란 눈을 가지고 태어난다. 아기들이 다 자라서 전부 파란 눈을 갖게 되는 건 아니며 생후 몇 개월 동안 눈 색깔이 점차 변한다. 피부색이 짙은 아기는 대개 처음부터 갈색 눈을 갖지만 일부 아기들은 파란 눈을 갖고 태어났다가 유아 시절에 갈색 눈으로 변한다. 그런데 왜 파란 눈을 갖고 태어나는 것일까?

인종과 관계없이 아기들이 원래 할당된 멜라닌 전부를 갖고 태어나지 않기 때문이다. 아기들은 비교적 적은 양의 멜라닌을 갖고 태어나며 그 중 일부가 홍채 안에 들어 있어 눈이 연한 파란색으로 보인다. 그러나 멜라닌은 출생 후 점점 늘어난다. 어떤 아기의 경우에는 처음부터 갈색 눈을 갖고 있어 기본적으로 유멜라닌 수치가 높다는 걸 알 수 있지만 이런 아기도 멜라닌 수치는 2세가 되어도 성인이 되었을 때의 수치에 도달하진 못한다.

외과의사는 조용한 수술실에서 수술을 가장 잘할까?

집중하는 데는 정말 조용한 게 가장 좋을까? 대부분의 외과의사는 그렇게 생각하지 않는다고 한다. 2014년 〈영국 의학저널〉 크리스마스 호에서 일단의 외과의사는 수술을 할 때 수술 시간의 60퍼센트가 넘게 음악을 틀어 놓는다고 밝혔다. 그렇다면 음악은 누가 고를까? 음악이 정말 의료진이 냉정한 머리로 손을 떨지 않고 수술하는 데 도움이 될까?

100년 전부터 지금까지

1914년 수술실에 처음 축음기가 들어간 이후 지금까지 수술실에는 늘 음악이 있었다. 환자

의 불안감을 누그러뜨리기 위해서였을 것이다. 보다 최근에는 대부분의 수술실에서 음악을 틀어 흔히 들리는 각종 기계음과 의료진의 말소리를 덮으려 하는 게 보다 일반적인 풍경이 되었다. 그렇다면 음악 곡 목록은 누가 정하는가? 대개는 수술실 선임자가 정하며 그들이 좋아하는 음악을 틀 경우 실제 일부 수술 과정이 더 신속하게 진행된다고 한다.

오페라에서 랩까지

마지막 얘기는 외과의사에 대한 얘기가 될 것이다. 2015년 〈가디언〉지에 실린 논문에 따르면 많은 외과 전문의에게 수술 시 어떤 음악을 선호하는지 물었다. 조사 결과 오페라에서 록, 랩에 이르는 아주 다양한 음악이 거론됐다고 한다. 당시 킹스칼리지병원의 한 정형외과 의사는 이런 말을 했다. "멋진 음악을 틀어 놓으면 기분도 더 좋아지고 일도 더 잘됩니다. 하지만 수술실 음악은 복잡한 사회 문제로…… 지난 크리스마스 때는 한 마취 전문의가 8시간 동안 크리스마스 캐럴을 틀었습니다. 끔찍한 일이죠." 당신도 아마 그런 마취 전문의의 환자가 되고 싶진 않을 것이다.

원인과 결과

원인 없는 결과는 없다. 인간의 몸 역시 이 원칙에서 예외는 아니다.
퀴즈를 풀면서 인체와 관련된 인과관계를 제대로 알고 있는지 확인해 보라.

Questions

1. 인간은 다른 두 종류의 눈물을 만들어낸다. 맞을까 틀릴까?

2. 무언가를 말로 설명하는 것이 그걸 더 잘 기억해내는 데 도움이 되는가?

3. 장벽을 형성하는 세포의 수명은 얼마인가?

4. 오랜 진화 과정에서 아직까지 살아남은 생물을 '살아 있는 화석'으로 불렀는데 2014
   년에 그 생물에게 어떤 새로운 이름이 붙여졌는가?

5. 아코디언 연주법을 배우는 것은 코골이를 해결하기 위한 특이한 방법 중 하나다. 맞
   을까 틀릴까?

6. 대부분의 백인 아기들은 왜 파란 눈을 가지고 태어나는가?

7. 과체중인 사람은 왜 코를 골 가능성이 더 높은가?

8. 눈물은 단순히 물과 소금으로만 이루어져 있는가?

9. 가갈레시스, 소마토네시스, 크니스메시스 이 셋 중 하나는 만들어낸 말이다. 그것이
   무엇인가? 나머지 두 용어는 무엇을 의미하는가?

10. 수술실 안에서는 왜 자주 음악을 틀어 놓는가?

Answers

정답은 212페이지에서 확인하세요.

전통적인 전염병 퇴치법은
효과가 있었을까?

오줌을 마시면 정말 건강에 좋을까?

온라인에는 '당신이 믿지 못할 10가지 트렌드' 식의 글이 자주 등장해 조회 수를 높인다. 예를 들어 팝 스타 마돈나Madonna가 무좀 치료를 위해 자기 발에 직접 소변을 본다는 얘기는 유명하다. '오줌 요법urotherapy'이라는 전문용어까지 있지만 그리 끌리는 치료법은 아니다.

오줌 요법의 유래

직접 마시든 특정 부위에 바르든 오줌을 치료에 이용하는 것은 고대의 관행(초기 산스크리트어 의학서에도 언급된다)이며 인도 아유르베다 의학과 전통 중국 의학에서 당당히 한 자리를 차지하고 있다. 오줌은 소독제로 쓰였으며 신장 감염에서 암에 이르는 다양한 질병의 치료제로도 처방되었다. 오줌은 워낙 오랫동안 전통적인 만병통치약으로 쓰여 오줌 요법의 장단점에 대한 깊이 있는 연구가 더 많이 행해지지 않았다는 게 이상할 정도다.

오줌 안에는 무엇이 들었을까?

오줌은 95퍼센트가 물이며 나머지 5퍼센트는 요소와 각종 미네랄, 효소, 호르몬, 소금 등이다. 몸에서 나온 거라 흔히 균이 없다고 생각하지만 꼭 그렇지는 않다. 입이나 장과 마찬가지로 요도 안에도 세균이 살고 있다.

해도 없지만 도움도 안 되는

서구의 의료 전문가들은 대체로 오줌 요법에 그리 좋은 점수를 주지 않는다. 많은 전문가들은 오줌을 정기적으로 마셔도 별 해는 없지만 별다른 효과도 없을 거라고 생각한다. 물론 오줌의 이점을 주장하는 전문가들이 없는 것은 아니어서 일부 전문가들은 오줌이 치아 미백제나 피부병 치료제로 효과가 있다고 주장하기도 한다. 오줌 요법 신봉자는 한 걸음 더 나아가 암 환자가 자신의 오줌을 마시면 암 치료에 도움이 된다는 주장까지 하는데 대부분의 서구 의료 전문가들은 그런 주

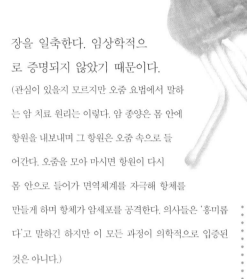

장을 일축한다. 임상학적으
로 증명되지 않았기 때문이다.

(관심이 있을지 모르지만 오줌 요법에서 말하
는 암 치료 원리는 이렇다. 암 종양은 몸 안에
항원을 내보내며 그 항원은 오줌 속으로 들
어간다. 오줌을 모아 마시면 항원이 다시
몸 안으로 들어가 면역체계를 자극해 항체를
만들게 하며 항체가 암세포를 공격한다. 의사들은 '흥미롭
다'고 말하긴 하지만 이 모든 과정이 의학적으로 입증된
것은 아니다.)

해파리에게 쏘이면?

오줌을 마시고 싶지는 않겠지만 해파리한테 쏘
인 데 바르는 건 어떨까? 통증 완화 효과가 있을
까? 유감스럽지만 그렇지 않다. 해파리한테 쏘일
경우, 그 촉수에 붙어 있는 자세포가 피부에 독이
있는 가시세포를 남긴다. 해파리 침은 생명을 위
협할 정도는 아니지만 아주 고통스럽다. 가시세
포는 주변의 화학적 변화에 민감해 바닷물 이외
의 다른 물로 그 부위를 씻어 낼 경우 역효과가
난다. 가시세포를 자극해 남아 있던 독까지 피부
에 스며들게 만드는 것이다. 오줌과 수돗물에는
가시세포가 속해 있던 환경인 바닷물과는 다른
화학 성분이 들어 있어 그걸로 상처 부위를 씻어
내면 득보다는 실이 많다. 앞으로 해파리에 쏘일
경우, 그 부위를 바닷물로 닦아낸 뒤 의사의 진단
을 받도록 하라.

사람은 통증으로 죽을 수도 있을까?

통증은 우리의 몸에 이상이 있다는 걸 알려준다는 면에서 유용하다. 그런데 만일 끊임없이 아주 높은 강도의 통증을 느끼고 아무도 그 통증을 완화시켜주지 못한다면 어떨까? 통증 때문에 끝내 죽을 수도 있을까?

극한 통증에 대한 탈출구
이른바 21세기의 선진화된 세계에서 우리는 대체로 통증에 익숙하지 않다. 널린 게 의사와 진통제라 통증 같은 걸 오래 끌 일이 없기 때문이다. 그런데 통증이 말 그대로 참지 못할 지경이 되면 당신의 몸은 탈출구를 제공한다. 신경에서 오는 통증 신호가 너무 과할 경우 중추신경계가 멈추면서 의식을 잃는 것이다. 마취 기법이 발견되기 전에는 수술 도중 환자들이 수술대에서 통증으로 인해 의식을 잃는 일이 많았다.

쇼크로 죽다
오로지 통증 때문에 죽는 경우는 없지만 순환 쇼크로 인해 죽는 경우는 있다. 당신의 몸이 통증으로 인해 너무 큰 트라우마를 겪으면 충분한 피와 산소가 세포까지 순환되지 못하고

바로 영구적인 손상을 입는다. 그러면 심장박동 수가 올라가고 숨이 가빠지며 땀까지 흐른다. 자주 의식을 잃거나 심장마비로 죽게 된다. 그러나 죽음의 실제 원인은 쇼크다.

객관적인 통증 강도
통증이 우리의 의식에서 얼마나 큰 부분을 차지하는가를 생각한다면 통증의 강도를 측정할 객관적인 방법이 없다는 게 이상할 지경이다. 코넬대학교의 과학자 제임스 D. 하디 James D. Hardy의 생각도 그랬다. 1940년 그는 동료 교수 헬렌 구델Helen Goodell과 해럴드 C. 울프Harold C. Wolff와 함께 '돌로리미터 Dolorimeter(통증의 단위 돌dol에서 따온 이름. dol은 통증 내지 슬픔을 뜻하는 라틴어 dolor에서 왔다)'라는 통증 측정기를 만들었다.

돌로리미터에서는 통증이 0.5부터 10.5까지 나뉘는데, 하디와 동료 교수는 이를 통증을 측정하는 보편적인 척도로 만들고 싶어 했다. 문제는 측정 대상자가 느끼는 통증의 강도가 사람에 따라 다 다르다는 것이다. 통증 측정기를 사용하다 보니 통증 강도에 대해서 의견 일치를 본다는 게 사실상 불가능하다는 것이 밝혀

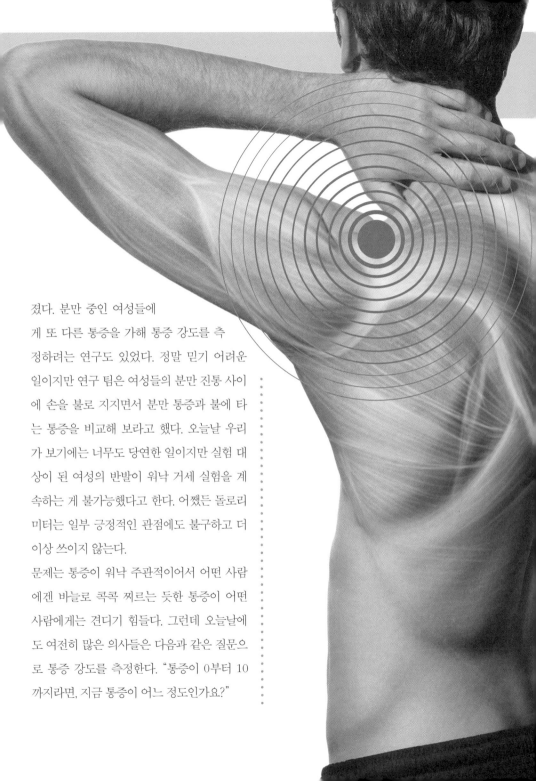

졌다. 분만 중인 여성들에
게 또 다른 통증을 가해 통증 강도를 측
정하려는 연구도 있었다. 정말 믿기 어려운
일이지만 연구 팀은 여성들의 분만 진통 사이
에 손을 불로 지지면서 분만 통증과 불에 타
는 통증을 비교해 보라고 했다. 오늘날 우리
가 보기에는 너무도 당연한 일이지만 실험 대
상이 된 여성의 반발이 워낙 거세 실험을 계
속하는 게 불가능했다고 한다. 어쨌든 돌로리
미터는 일부 긍정적인 관점에도 불구하고 더
이상 쓰이지 않는다.
문제는 통증이 워낙 주관적이어서 어떤 사람
에겐 바늘로 콕콕 찌르는 듯한 통증이 어떤
사람에게는 견디기 힘들다. 그런데 오늘날에
도 여전히 많은 의사들은 다음과 같은 질문으
로 통증 강도를 측정한다. "통증이 0부터 10
까지라면, 지금 통증이 어느 정도인가요?"

어떤 전염병으로
가장 많은 사람이 죽었을까?

전염병의 역사 하면 아주 높은 사망률을 떠올리게 되고 에볼라처럼 아주 최근에 발생한 무서운 전염병을 생각하게 된다. 하지만 에볼라는 많은 사람들을 죽음으로 몰아넣은 전염병에 수여하는 '저승사자' 상 후보에도 오르지 못한다.

유럽 인구의 60퍼센트 사망

인류 역사를 통틀어 어떤 질병이 가장 치명적이었는지를 정확히 말한다는 건 불가능하다. 통계를 낼 기록이 없기 때문이다. 하지만 역사 통계학자들은 주어진 자료만 가지고 믿을 만한 추측을 해냈는데 그들의 노력 덕에 몇 가지 흥미로운 사실이 밝혀졌다.

14세기에 7년간 유럽, 아프리카, 아시아 상당 지역을 초토화시킨 가래톳페스트 전염병인 흑사병을 예로 들어 보자. 일부 역사 통계학자들은 당시 2억 명 가까운 사망자가 나왔을 것으로 추산하나 그 숫자를 7,500만 명 정도로 낮춰 보는 통계학자들도 있다. 유럽에서만 5,000만 명 정도가 사망한 걸로 추산되는데 당시 유럽 인구의 60퍼센트가 넘는다.

결핵 vs 말라리아

역사적으로 많은 사망자를 낸 다른 전염병으로는 독감, 콜레라, 지금은 뿌리 뽑힌 천연두(1978년 실험실 사고로 죽은 사람이 마지막 희생자로 기록된다), 말라리아 등이 있다. 가장 많은 사람을 죽인 전염병은 무엇이었을까? 보다 먼 과거 말고 보다 쉽게 정확한 추산을 할 수 있는 지난 2세기 동안 결핵은 무려 10억 명을 죽음으로 몰아넣은 걸로 추산된다. 그러나 말라리아는 그보다 더 치명적인 전염병으로 여겨져

172

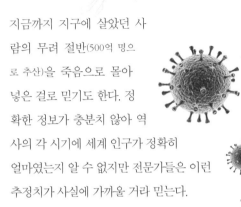

지금까지 지구에 살았던 사
람의 무려 절반(500억 명으
로 추산)을 죽음으로 몰아
넣은 걸로 믿기도 한다. 정
확한 정보가 충분치 않아 역
사의 각 시기에 세계 인구가 정확히
얼마였는지 알 수 없지만 전문가들은 이런
추정치가 사실에 가까울 거라 믿는다.

새로운 전염병의 출현

생긴 지 오래된 질병은 아주 긴 세월 희생자
가 있었다. (말라리아 원충을 갖고 있는 모기는 무려 약
3,000만 년 전부터 있었던 걸로 믿어진다.) 그러나 에
이즈나 에볼라는 둘 다 아직 생겨난 지 50년
도 안 된 질병이다. 에이즈는 1976년 콩고민
주공화국에서 처음 출현한 이후 지금까지 약
3,600만 명을 죽음으로 몰아넣은 걸로 추정된
다. 같은 해에 '발견된' 에볼라는 섬뜩한 명성
에도 불구하고 사망자는 비교적 적은 편이다.
2018년 8월, 아직 사망자 수가 1만 5,000명도
안 된다.

팬데믹의 의미

어떤 질병이 이미 나타난 적이 있는 지역에서 나
타나 예상보다 더 많은 환자가 발생하는 경우,
그 질병이 나타난 적이 없는 지역에서 2명 이상
의 환자가 발생하는 경우 '집단 발병outbreak'이
란 말을 쓴다. 그러나 공통된 원인에서 나타난 어
떤 질병이 여러 지역으로 퍼지면서 예상보다 많
은 환자가 발생하는 경우 집단 발병은 '전염병
epidemic'이라 한다. 독감은 매년 특정 지역에서
일부 사람들만 걸릴 수도 있지만 환자 수가 급증
하면서 평소보다 많은 지역에서 여러 장소를 중
심으로 나타날 경우, 독감도 전염병으로 분류한
다. 또 전염병이 전 세계적으로 나타나면 '팬데믹
pandemic'이라 한다. 팬데믹은 어떤 전염병이 처
음 발병한 나라 전역으로 퍼진 뒤 결국 다른 대
륙으로까지 퍼지면서 생겨난다.

173

항생제가 더 이상 효력이 없다고?

페니실린이 널리 쓰이게 된 것은 불과 1940년대 중반의 일이다. 벌써 인간은 항생제 없는 삶은 상상하기도 힘들다. 항생제의 발견은 의학계를 크게 변화시켰다. 그러나 항생제가 등장한 지 80년 정도 지난 지금, 충격적인 일이지만 항생제가 더 이상 효력이 없다.

인간이 만들어낸 항생제 내성

항생제는 세균을 근절시키거나 번식을 막는 방식으로 세균을 퇴치한다. 또 항생제는 인간이 항생제 사용법을 발견한 이래 아주 빠른 속도로 발전했지만 그 과정에서 자연스럽게 세균도 항생제에 대한 내성을 갖게 됐다. 상상 가능한 거의 모든 상황에서 엄청난 양의 항생제를 사용한 인간의 잘못이 크다. 세균에게 항생제에 대한 내성을 기를 수 있는 기회를 수도 없이 제공한 것이다.

항생제를 분해하는 세균

내성은 항생제의 효과를 가장 덜 받은 세균이 살아남아 번식하면서 생겨난다. 세균 입장에서는 적자생존인 셈이다. 시간이 지나면 가장 강한 세균만 살아남고 그 세균이 항생제에 덜 영향을 받는 변종으로 발전되면서 결국 완전한 내성을 가져 항생제가 듣지 않는다. 어떤 세균은 다양한 항생제에 내성을 갖게 되어 퇴치하기 너무 힘든 이른바 '슈퍼버그superbug'가 되었다. 일부 세균은 실제 항생제를 파괴해 버린다. 베타-락타메이스라는 효소를 생성해 페니실린을 분해하고 무용지물로 만들어 버리는 것이다.

면역체계로 눈을 돌리다

일부 전문가들은 머지않아
대부분의 항생제가 대부분
의 세균에 듣지 않는 때가 올
거라고 믿는다. (그때가 앞으로 겨우 10
년 후라는 사람들도 있다.) 그렇게 되면 흔한 세균
감염으로도 목숨을 잃고 안전한 수술도 힘들
어지는(불가능하진 않더라도) 상황이 도래할 것이
다. 세균이 저항하기 힘든 항생제를 처방하는
일도 그 항생제가 최대한 약효를 유지하는 일
도 아주 힘들어질 텐데 대체 어떻게 우리 자
신을 지킬 수 있을까?

의료 분야 연구원들은 지금 인간의 몸이 스스
로를 지켜내는 데 도움을 줄 다른 방법을 찾
고 있다. 특히 면역체계에 많은 관심과 노력
을 기울이고 있는데 머지않아 면역체계가 항
생제를 무력화시키고 있는 세균으로부터 보
다 효과적으로 우리 몸을 지켜낼 수 있는 방
법을 찾아낼 것이다.

상황을 반전시킬 수 있을까?

항생제에 대한 세균의 내성이 점차 사라질 수도
있겠지만 아마 세균이 아주 오랫동안 항생제에
노출되지 않을 때나 가능한 일이다. 과학자들은
세균에 대한 항생제의 위협이 완전히 사라진다면
세균의 방어 전략 또한 점차 사라지게 될 거라고
믿는다. 그러나 항생제가 다시 제대로 효과를 발
휘하려면 아주 오랜 시간, 적어도 수십 년(또는
수 세기) 동안 항생제를 전혀 쓰지 않아야 한다.

최초의 수술이 행해진 건 언제일까?

고고학적 증거가 남아 있는 최초의 수술은 두 개골 천공술trepanation로 구석기시대 말까지 거슬러 올라간다. 1만 2,000년 전쯤에 이미 그런 수술이 행해졌을 수 있다는 얘기다. 아프리카, 남북아메리카, 아시아, 유럽 등 모든 문화권에서 말이다.

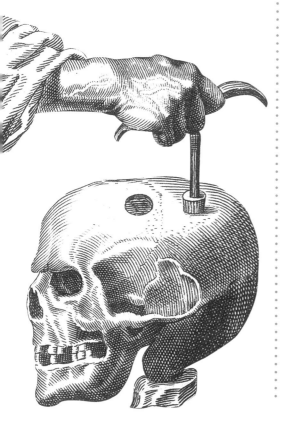

머리에 뚫린 구멍

두개골 천공술(오늘날 외과의사들은 개두술이라고 한다)은 문자 그대로 머리를 뚫어 구멍을 내는 것이다. 그 옛날 쓸 수 있었던 도구라고는 부싯돌이나 뾰족한 조개껍질 정도였다는 걸 감안하면 두개골 천공술을 받는다는 건 생각만 해도 끔찍한 일이다. 그런 수술이 왜, 그리고 어떻게 행해졌을까?

두개골 천공술을 받은 걸로 보이는 고대의 두개골에 관심을 보인 최초의 인물은 미국인 외교관이자 고고학자인 에브라임 스퀴어Ephraim Squier다. 스퀴어는 1860년대에 페루를 방문했다가 정교한 구멍이 나 있는 고대 잉카제국 시대의 두개골 하나를 선물 받았다. 그는 나중에 그 두개골을 집에 가져갔고 곧 뜨거운 논란을 불러일으킨다. 두개골 주인은 수술 후에도 살았을까? (두개골 천공술이 정말 죽기 전에 행해진 것일까?) 스퀴어는 두개골 구멍에 부분적으로 치유된 흔적이 있다고 주장했다. 그리고 두개골 천공술은 살아 있는 환자에게 행해진 것이고 환자는 수술 후에도 살아 있었다고 결론지었다.

치료 아니면 의식?

그러나 "왜?"라는 의문은 그대로 남았고 논란은 계속되었다. 19세기에서부터 20세기 초까지 세계 각지에서 구멍 뚫린 고대의 두개골이 계속 발견되었기 때문이다. 학자들은 고대 세계의 의사들, 특히 히포크라테스와 갈레노스의 저술도 인용했다. 두 사람은 모두 두개골 천공술(고대 그리스나 로마에서 일부 뇌 질환이나 부상을 치료하기 위해 사용)의 지지자였다. 부싯돌이나 조개껍질 대신 드릴을 사용한다 해도 두개골 천공술은 아주 까다로운 수술이다. 고대의 두 명의는 미리 물을 한 통 준비해 두었다가 드릴이 너무 뜨거워지면 담그라 했으며, 자칫 잘못해 뇌까지 파고들지 않게 두개골만 뚫는 것이 어려운 일이라는 말도 했다. 이런 언급으로 미루어 보아 두개골 천공술은 치료 목적으로 행해진 걸로 보인다. 그런데 어떤 두개골은 상처나 트라우마의 증거가 남아 있지만 어떤 두개골은 손상 흔적이 전혀 없어 '혹시 두개골 천공술이 어떤 의식을 위해 행해지기도 한 것 아닌가?' 하는 의문이 들게 한다.

무언가 집어넣거나 빼내기

두개골 천공술은 늘 무언가를 머리에 넣거나 빼낼 목적으로 행해진다. 그런데 고대에는 뇌에 가해지는 압력을 완화하기 위한 간단한 수술이 아닌, 머리에서 악령을 내몰거나 깨우침을 집어넣기 위해 행하는 경우가 많았던 걸로 보인다. 두개골 천공술 예찬론자(놀랍게도 오늘날에도 그런 사람들이 있다)는 두개골 뼈가 서로 결합되고 단단해지기 전에 그 수술을 받으면 어린 시절에 갖고 있던 민첩성과 행복감이 회복된다고 믿는다. 1970년 영국 예술가이자 약물 정책 개혁론자였던 아만다 페일딩Amanda Feilding은 스스로 두개골 천공술을 행하며 그걸 필름에 담았다. 그녀는 자신이 수술 후 스카프로 머리를 싸매고 잃어버린 피를 보충하기 위해 스테이크를 먹은 뒤 파티에 갔다고 말했다. 그러면서 미미하지만 긍정적인 정신적 이점이 있다고 주장했다. 인터뷰를 할 때마다 이런 조언을 하는 것도 잊지 않았다. "절대 집에서 혼자 하지 마세요."

177

질병은 어떤 식으로 근절될까?

일반적으로 질병은 인간의 근절 노력에도 불구하고 끈질기게 살아남았다. 독감, 말라리아, 홍역 등은 여전히 인간 곁에 머물러 있다. 천연두만 예외다. 전 세계적인 재앙으로 수백만 명을 사지로 몰아넣다가 1970년대에 마침내 근절됐다.

천연두 백신의 등장

천연두는 아주 옛날부터 있던 질병이다. 기원전 12세기 때 만들어진 이집트 파라오 람세스 5세의 미라는 겉에 감았던 천을 푸니 얼굴에 천연두 자국이 나 있었다. 천연두에 걸린 환자 중 30퍼센트는 목숨을 잃었고 살아남은 사람도 종종 실명이 되거나 얼굴에 마맛자국이 생겨 보기 흉해졌다.

인간의 반격은 일찍이 세계적인 여행가 메리 워틀리 몬터규Mary Wortley Montagu도 지지했던 마마 접종이란 과정으로 시작됐다. 18세기 유럽에 도입된 마마 접종은 목숨을 걸어야 할 정도로 위험했다. 천연두 물집에서 고름을 짜내 천연두에 걸리지 않은 사람한테 흡입시키거나 팔에 상처를 낸 뒤 거기에 발랐다. 그러면 대부분 천연두의 공격을 받았으나 실제 천연두에 걸릴 경우 사망할 가능성이 줄었다.

1796년 에드워드 제너Edward Jenner는 사람들에게 고의로 유사하면서도 약한 특정 질병에 감염시켜 그 질병을 막는 예방접종을 개발했다. 농장에서 소젖을 짜는 여성 중에 우두에 걸린 여성은 절대 천연두에 걸리지 않는다는 사실을 알게 된 그는 우두 상처에서 추출해 만든 백신을 주사함으로써 고의적인 예방접종을 하기 시작했다. 일단 백신이 만들어지자 인류는 천연두에 맞설 효과적인 무기를 확보하게 된다.

천연두 근절 프로그램

천연두는 부유한 국가에서 근절되고서도 오랫동안 가난한 국가에서 창궐했다. 그러나 환자들의 엄격한 격리 정책과 전 세계적인 예방접종 프로그램 덕에 천연두는 근절된다. 세계보건기구는 1959년 천연두 근절 프로그램 착수를 선언했고 1967년에 강도 높은 근절 프로그램이 뒤따랐다. 결국 천연두는 아프리카 대륙에서만 살아남았고 곧 대대적인 예방접종 캠페인을 벌여 소말리아, 에티오피아, 케냐 세 나라에서만 살아남았다. 1976년 에티오피아에서 자연 상태의 마지막 천연두 환자가 발생했고(사고로 천연두에 걸린 환자는 몇 명 더 있었다) 1980년에는 드디어 세계보건기구가 자부심이 담긴 다음과 같은 천연두 근절 선언을 했다. "세계와 우리 전 인류는 드디어 천연두로부터 해방됐으며…… 각 국가가 공동의 목표를 위해 합심하면 얼마든지 진일보할 수 있다는 걸 보여주었습니다."

천연두가 다시 창궐한다면

천연두는 세계 무대에서 사라졌는지 몰라도 아직 멸종된 것은 아니다. 두 연구소, 미국 조지아주 애틀랜타에 있는 질병통제센터와 러시아 노보시비르스크 콜초보에 있는 국립 바이러스학 및 생명과학 연구센터에 샘플이 살아 있기 때문이다. 원래 취지는 예측 못한 천연두 집단 발병에 대비해 연구 목적으로 보관하자는 것이었으나 오랫동안 국제적인 논란을 불러일으켰다. 생화학 전쟁에 대한 우려도 많았다. 자칫 악용될 경우 천연두 자체가 치명적인 화학무기가 될 수 있기 때문이다. 게다가 백신도 더 이상 비축되어 있지 않다. 1990년 더 이상 필요 없다는 이유로 세계보건기구가 마지막 1,000만 명분의 백신 가운데 950만 명분의 백신을 없애버린 것으로 알려져 있다.

사람은 잠을 얼마나 자야 할까?

미디어에서 건강 문제를 집중적으로 다룰 때 음식과 물이 얼마나 중요한지, 또 얼마나 많은 양의 음식과 물이 필요한지에 대한 얘기는 많이 한다. 하지만 살아가는 데 중요한 또 다른 요소인 잠에 대한 얘기는 그리 많지 않다. 인간의 불면증에 대한 연구는 그 범위가 아주 한정되어 있는데 수면 박탈이 일종의 공인된 고문 행위이기 때문이다.

계속 불면을 강요할 경우 죽기까지 했다. (과학자들은 죽음의 원인에 대해 이견을 보였다.)

이상적인 하루 8시간의 수면

하루 8시간의 수면은 대부분의 사람들이 제 기능을 잘 발휘하고 휴식을 취하는 데 이상적인 수면 시간으로 널리 알려져 있다. 그러나 너무 적게 자는 것도 나쁘지만 너무 많이 자

죽음에 이르는 불면

당신이 만일 불면증에 시달린다면 단 하룻밤만 잠이 부족해도 짜증이 나고 정신이 멍해지고 집중이 안 된다는 걸 알게 될 것이다. 수면 박탈 실험을 하면 잠이 부족하거나 아예 못 잔 경우 컨디션이 아주 안 좋다는 걸 알 수 있다. 24시간 동안 잠을 못 자면 육체에 부정적인 영향이 간다. 혈압이 오르고 48시간 정도 못 자면 피가 포도당을 제대로 처리하지 못하게 되며 면역체계도 제 기능을 못해서 체온이 떨어진다. 인간을 상대로 극단적인 불면 실험을 해본 적은 없지만 실험실 쥐의 경우

는 것도 나쁘다. 당신은 아마 늦잠을 자면 오히려 평소보다 더 무기력해지는 듯한 경험을 해봤을 것이다. 당신의 생체리듬(습관적인 일상에 맞춰진 당신 내부의 24시간 시계로 모든 걸 정확히 규칙적으로 하는 걸 좋아한다)이 깨졌기 때문이다.

하버드대학교에서 많은 간호사를 대상으로 장기간 광범위한 연구를 한 결과, 수면 시간이 과하거나 부족한 간호사의 경우 다른 동료 간호사에 비해 기억력 테스트에서 더 낮은 점수를 받았다. 수면 시간이 적절한(하루에 꾸준히 7~8시간) 간호사가 수면 시간이 과하거나 부족한 동료 간호사에 비해 기억력과 뇌 기능 면에서 2년 정도 젊은 걸로 나온 것이다.

블루 스크린과 수면 장애

장시간 스크린을 들여다보는 것이 우리 삶에 미치는 영향에 대해 많은 연구가 있었다. 그리고 수면 방해가 부정적인 영향 중 하나로 밝혀졌다. 대부분의 스크린은 파란빛을 발하며 뇌 중앙에 위치한 솔방울샘에서의 멜라토닌 호르몬 생산을 방해한다. 사람의 체온은 잠자는 사이에 떨어졌다가 이른 아침에 점차 다시 오르는데 잠자는 사이에 체온을 조절해주는 게 바로 멜라토닌이다. 그리고 또 체온이 섭씨 37도로 정상이 되면 멜라토닌이 잠을 깨워준다. 2017년 이스라엘 하이파대학교에서 실시한 실험에 따르면 밤 9시부터 11시 사이에 스크린을 보는 사람들은 높은 수준의 수면 장애를 겪었고 그건 그 사람들이 들여다본 파란빛 때문이었다. 그런데 스크린의 빛을 은은한 빨간색으로 바꾸었더니 사람들의 멜라토닌 생산에 변화가 일어나지 않았다.

전통적인 전염병 퇴치법은
효과가 있었을까?

당신이 만일 운이 없게도 흑사병(또는 이후 발생한 여러 전염병 중 하나)이 발생한 14세기 중엽 유럽에 살았다면 자신을 지키기 위해 전문적인 약을 쓸 기회는 없었을 것이다. 항생제가 전염병 해결책으로 등장한 건 그로부터 6세기 뒤의 일이다.

쓸모없는 '치유책'

당대의 의사들은 많은 '치유책'을 만들어냈는데 그중 상당수는 아주 비쌌다. 대부분은 혐오스러웠고 효과도 전혀 없었다. 부유한 사람들의 경우 잘게 으깬 에메랄드 한 숟가락을 처방받았다. 절구와 절굿공이를 이용해 모래처럼 잘게 으깬 에메랄드를 물에 타 마신 것이다. 아니면 '만병통치약'을 사용하기도 했다. 당시의 유명한 만병통치약에는 수백 가지 재료기 들어갔으며 조제법도 아주 다양했다. 재료로는 주로 아편, 계피, 사프란, 생강, 물약, 비버향 등이 쓰였다. 비양심적인 돌팔이 의사는 값이 싼 당밀만 잔뜩 넣기도 했다. 피를 뽑

거나 거머리를 쓰는 것도 인기 있는 치유책이었다. 물론 이런 방법은 전염병으로 쇠약해질 대로 쇠약해진 사람들에게 마지막 수단처럼 쓰였다.

격리 제도의 등장

운이 없어 이미 전염병에 걸린 환자들에게는 아무 도움도 안 됐지만 전염병 확산 속도를 늦추는 데 도움이 된 방법이 하나 있었다. 환자들을 건강한 사람들로부터 철저히 분리시키는 것이었다. 격리 관행은 흑사병에 대응하기 위해 새로 고안된 건 아니었지만(나병 환자 등에게 이미 사용되고 있었다) 흑사병을 거치면서 꽤 많이 다듬어졌다. 흑사병 환자는 40일간 격리됐는데(격리를 뜻하는 영어 quarantine도 40을 뜻하는 이탈리아어 quaranta에서 왔다) 그 기간이 끝나면 환자들은 거의 다 죽었고 아주 드물게 건강을 회복하는 경우도 있었다. 전염병은 주로 항구도시에서 발생했고(배와 항구 사이를 맘대로 오가는 쥐에 의해) 격리 제도가 처음 적용된 것도 항구도시였다. 1377년 크로아티아의 항구도시 두브로브니크가 그 첫 사례였고 다른 항구도시도 곧 그 뒤를 이었다. 격리 병원이 세워지고 철저한 감시가 이루어졌다. 대부분의 격리 병원은 항구나 도시에서 약간 떨어져 있었는데, 환자 이송이 용이해야 해 그리 멀리 떨어지지는 않았다. 사람들과의 접촉을 최소화하기 위해 섬에 지어진 경우도 많았다. 배의 화물도 마찬가지로 격리됐다. 각종 상품과 물건은 정해진 장소로 옮겨져 멸균되어 안전하다고 여겨질 때까지 맑은 공기에 노출시킨 채 보관했다.

닭에게 잔인했던 '치료법'

전염병 퇴치를 위해 제시된 방법 가운데 가장 기이한 방법을 꼽으라면 아마 '비카리 치료법(이걸 생각해낸 영국 의사 토머스 비카리Thomas Vicary의 이름에서 따왔다)'일 것이다. 그는 16세기에 살아 흑사병이라는 무서운 전염병을 경험하진 않았지만 이후에 발생한 많은 전염병을 해결하기 위해 더없이 기이한 치료법을 만들어냈다. 살아 있는 닭의 엉덩이 쪽 털을 뽑아낸 뒤 환자의 상처에 닭 엉덩이를 갖다 대고 고정시킨 것이다. 치료가 끝날 때쯤이면 대부분의 닭은 죽지만 드물게 강인한 닭의 경우 그런 식으로 계속 몸의 다른 부위를 치료하는 데 쓰였다. 이 치료법은 효과가 전혀 없었지만 영국 튜더왕가에서는 전염병 환자들에게 널리 쓰였다.

유기농 식품은 정말 건강에 더 좋을까?

그럴 수도 있고 그렇지 않을 수도 있다. '건강에 더 좋다'는 게 정확히 어떤 의미냐에 따라 달라진다. 유기농 식품 문제는 워낙 민감한 문제여서 확실한 결론을 내리기가 쉽지 않다. 각종 정보를 활용한 몇 가지 연구에 따르면 유기농 식품의 건강상 이점을 제대로 측정한다는 것 자체가 어렵다고 한다.

유기농 식품의 명암

결론이 분명하지 않다고 해서 유기농 식품이 건강에 안 좋다는 뜻은 아니다. 단기적으로든 장기적으로든 유기농 식품을 먹어서 더 건강해졌다는 걸 입증하는 게 현재는 불가능하다는 뜻이다. 유기농 식품 분야는 지뢰밭이나 다름없다. 유기농 식품 제조업체가 주장하는 모든 장점에는 반론이 따른다. 유기농 제품은 대개 비유기농 식품에 비해 높은 가격에 팔리기 때문에 유기농 식품 애용자들은 대체로 경제적으로 더 여유가 있으며 이미 보다 건강한 생활 방식을 추구하고 있다. 유기농 식품의 장점을 알아내기가 더 힘든 이유이기도 하다.

2012년 미국 스탠퍼드대학교 연구 팀은 많은 소규모 연구를 토대로 대규모 연구를 실시했다. 연구 팀은 유기농 식품의 경우 잔류 농약 수치가 더 낮다(많은 사람들의 생각과는 달리 유기농 작물에도 천연 농약이 쓰이기도 한다)는 건 밝혀냈으나 유기농 식품이 건강에 더 좋다는 확실한 증거는 찾아내지 못했고 이 연구는 엄청난 반향을 불러일으켰다.

환경에는 더 좋지 않을까?

꼭 그렇지도 않다. 유기농 작물을 재배하는 작은 농지는 비유기농 작물을 재배하는 농지보다는 대체로 환경에 더 좋다. 그러나 농지 면적당 생산량은 유기농 작물의 경우가 노동집약적인 비유기농 작물의 경우에 비해 훨씬 낮으며 같은 양의 농작물을 생산하려면 놀랄 만큼 많은 땅이 필요하다. 어떤 환경보호론자들은 유기농 작물을 재배하려면 보다 많은 땅을 농사에 전용해야 한다고 주장하지만 어떤 환경보호론자들은 그 주장에 동의하지 않는다. '유기농' 그 자체가 무조건 친환경적인 것은 아니다. 예를 들어 유기농 농장 역시 단위 면적당 사육 두수가 적어 아주 많은 땅을 이용해야 한다. 그리고 또 비유기농 방식의 농장들에 비해 동물 복지에도 훨씬 더 많은 신경을 써야 하는 게 사실이다.

먹거리 명품 시장

유기농 식품 시장의 약 90퍼센트는 북미와 유럽에 몰려 있다. 부유한 나라의 사람들이 자신이 먹는 음식에 남다른 관심을 보이기 때문이다. 미국에서의 유기농 식품 매출은 2017년에 494억 달러에 이르렀으나 불과 7년 전만 해도 290억 달러였고 1997년에는 36억 달러밖에 안 했다. 인플레이션 효과까지 감안한다면 유기농 식품 시장은 지난 20년 사이에 기업들이 마케팅에 막대한 돈을 쏟아부을 만큼 큰 시장으로 변한 것이다.

현지 식품을 먹어라

극소수의 전문가 사이에서 논의되는 문제가 하나 있다. 유기농 식품을 먹든 그렇지 않든 가능하면 현지 식품을 먹는 게 좋다는 것이다. 멀리 운송할 필요가 없는 현지 식품은 무엇보다 신선하고 원산지 추적도 더 쉬우며 산지에서 소비자 식탁에 오르기까지의 이동 거리가 짧아 환경에도 더 좋다. 따라서 유기농이든 아니든 현지 식품에 익숙해지는 게 더 바람직하다.

정말 탄 음식은 암을 유발할까?

여름에 사람들을 초대해 바비큐 파티를 하다 보면 꼭 건강 문제에 관심 많은 손님이 하나쯤은 있다. 그들은 대부분 탄 음식을 먹으면 암에 걸린다는 얘기를 들었다는 말로 분위기를 경직시킨다. 정말 탄 음식을 먹으면 암에 걸릴까? 그저 한 손님이 쓸데없는 불안을 조성하는 건 아닐까?

아크릴아미드, 못된 화학물질!

문제의 손님은 일부 굽거나 태운 음식에 아크릴아미드acrylamide라는 화학물질이 다량 들어 있는 걸로 밝혀졌다는 얘기를 하는 것이다. 아크릴아미드는 '마이야르 반응(탄수화물이 든 음식을 고온에서 요리하면 그 속에 든 단백질과 당분이 짙은 갈색으로 변하면서 복잡하고 맛있는 맛이 나는 현상)'의 일부로 만들어지는 천연 화학물질이다. 아크릴아미드는 특별한 방식으로 요리되는 음식에서만 나타난다. 끓인 음식에서는 나타나지 않고 날 음식이나 유제품, 육류 또는 생선에서도 발견되지 않는다. 주로 굽거나 튀기는 감자나 빵처럼 탄수화물이 많이 든 음식에서만 발견된다.

황금빛으로!

아크릴아미드는 2002년 스웨덴에서 실시한 연구에서 음식 속에 존재하는 걸로 밝혀졌다. 쥐에 대한 실험실 연구를 통해서도 확인된 사실이지만 아크릴아미드는 일부 동물의 경우에 DNA를 손상시켜 암을 유발하는 발암물질로 알려졌다. 그렇다고 해서 아크릴아미드가 함유된 음식을 많이 섭취하는 인간의 경우에

캘리포니아의 커피 공포

토스트는 그렇다 치고 커피는 어떨까? 아크릴 아미드는 커피를 로스팅하는 과정에서도 자연스레 형성되는 걸로 알려졌으며 2018년 3월 캘리포니아의 한 판사는 캘리포니아주에서 커피를 판매할 때는 로스팅한 커피가 암을 유발할 수 있다는 경고를 해야 한다는 판결을 내리기도 했다.

비판론자들은 로스팅한 커피가 암을 유발한다는 걸 입증하는 건 불가능하기 때문에 법원의 판결은 난센스라고 지적한다. (평생 커피를 마시는 사람 10만 명당 암 환자가 한 명도 안 된다는 걸 입증할 수만 있다면 커피숍이 아크릴아미드가 암을 유발할 수 있다는 경고를 써 붙일 필요가 없다.) 현재까지는 커피 속에 들어 있는 아크릴아미드 때문에 캘리포니아에서 커피숍 앞에 늘어선 사람들의 줄이 줄어들었다는 얘기는 없다.

도 아크릴아미드가 암을 유발한다고 결론 내릴 수는 없지만 대부분의 중요한 보건 기구는 아크릴아미드를 조심하는 게 좋다고 조언한다. 세계보건기구는 아크릴아미드가 발암물질일 가능성이 높다고 말했고 영국 암연구소는 막대한 자금을 투입해 유럽의 여러 국가에서 연구를 했다. 탄 음식과 암 사이의 연관 관계를 입증할 확실한 증거를 찾지는 못했지만 탄수화물 음식은 짙은 갈색보다는 황금색이 될 때까지만 요리하는 게 좋다고 조언한다. 심지어 영국 식약청은 '황금빛으로!'라는 슬로건의 건강 캠페인까지 벌이며 새까맣게 탄 음식은 먹지 말라고 조언한다. (토스트가 시커멓게 탄 걸 좋아하는 사람도 있을까?)

DNA 맞춤 제조 약이 만들어질 수 있을까?

DNA는 모든 생명체가 갖고 있는 '청사진'으로 널리 알려져 있으며 그 작동 원리가 점점 세세하게 밝혀지고 있다. 앞으로는 혹시 각 개인의 DNA 프로필에 맞춘 맞춤형 약 제조도 가능하지 않을까?

약물유전체학의 등장

지금도 이미 어느 정도 가능하다. 현재 약물유전체학이라는 비교적 새로운 연구 분야에서 DNA 감식법을 이용해 약 효과를 극대화할(부작용을 최소화할) 방법을 모색 중이다. 앞으로 10년에서 20년 이내에 DNA 감식법이 의료 분야의 표준이 될 전망이긴 하지만 맞춤형 약 제조는 아직 초기 단계에 있다.

맞춤형 암 치료

유전학적 관점에서 볼 때 대부분의 약 치료는 아직 놀랄 만큼 엉성하다. 당신이 특정 질병에 걸릴 경우, 의사들은 대개 같은 질병을 가진 대부분의 다른 환자들에게 주는 약을 그대로 당

신에게 준다. 첫 번째 약이 듣지 않으면 두 번째 약을 준다. 그것도 듣지 않으면 세 번째 약을 준다. 이런 과정이 더 이상 선택할 수 있는 약이 없어질 때까지 계속된다. 그런데 앞으로는 의사가 우리의 유전학적 프로필을 보고 우리의 유전자에 맞는 치료를 미리 판단할 수 있게 될 것이다.

현재 맞춤형 약 연구의 최전선에 있는 질병은 암이다. 워낙 많은 암이 유전학적 돌연변이의 결과이기 때문이다. 2011년 〈월스트리트 저널〉은 유전학적 돌연변이에 의해 생겨나는 많은 암 종양의 목록을 발표했는데 이미 맞춤형 치료가 가능한 암 종양이다. 특히 흑색종 종양은 치료 가능성이 73퍼센트나 되는 대표적인 유전학적 종양이다. 그러나 치료하기가 훨씬 힘든 폐암이나 췌장암 종양의 경우 치료 가능성이 41퍼센트밖에 안 된다.

질병과 건강

IN SICKNESS AND HEALTH

천연두의 근절에서부터 유기농 식품이 건강에 정말 좋은가 하는 것에 이르는 다양한 주제를 알아보았다. 퀴즈를 풀면서 모든 지식을 잘 소화했는지 확인해 보라.

Questions

1. 해파리 침에 쏘인 데에 오줌을 바르면 통증이 줄어든다. 맞을까 틀릴까?

2. 통증은 어떤 역할을 하는가?

3. 에이즈와 에볼라는 생긴 지 얼마 안 되는 전염병이다. 몇 년도에 발견돼서 병명이 만들어졌는가?

4. 두개골 천공술은 인류 역사상 최초로 행해진 수술로 믿어진다. 어떤 수술인가?

5. 어떤 나라에서 자연 상태에서의 마지막 천연두 환자가 발생했는가?

6. 왜 잠자리에서는 스크린을 들여다보지 않는 게 숙면을 취하는 데 좋은가?

7. 잘게 으깬 에메랄드 한 숟가락은 어떤 질병에 대한 치료법으로 처방되었는가?

8. 약물유전체학은 비교적 새로운 학문이다. 어떤 학문인가?

9. 유기농 식품을 먹는 것과 현지에서 생산된 식품을 먹는 것 중 어느 쪽이 더 좋은가?

10. 아크릴아미드란 무엇인가?

Answers

정답은 213페이지에서 확인하세요.

DEATH AND AFTER

죽음과 그후

머리카락은 사람이 죽은 뒤에도
계속 자랄까?

인간의 영혼은 무게가 얼마나 나갈까?

오늘날의 사상가가 볼 때는 좀 이상한 질문일 수도 있다. 인간에게 영혼이 있는 건 맞지만 어떻게 영혼에 무게가 있단 말인가? 그러나 20세기 초 매사추세츠주 해버힐에 살던 덩컨 맥두걸Duncan MacDougall 박사는 영혼의 무게를 재면 그 존재를 입증할 수 있을 거라는 생각을 했다.

21그램 실험

맥두걸 박사의 실험 결과 오늘날까지도 계속되는 한 가지 신화가 만들어졌고 그 신화를 토대로 2003년 〈21그램21Grams〉이라는 영화까지 제작됐다. 맥두걸 박사는 자신의 주장을 입증하기 위해서 사람들이 죽기 직전과 직후의 체중만 재보면 될 거라고 생각했다. 죽기 직전과 직후의 체중에 분명 차이가 있을 것이고 그 차이가 바로 몸에서 빠져나간 영혼의 무게일 거라 확신한 것이다.

영혼의 무게를 재다

맥두걸 박사는 과학적인 실험이라기보다는 에드거 앨런 포Edgar Allan Poe의 추리소설 속 이야기를 연상케 하는 준비를 했다. 우선 연구를 효율적으로 진행하기 위해 병원 침대에 민감한 저울을 설치했다. 그리고 특히 결핵 환자를 중심으로 임종을 앞둔 환자 6명을 섭외했다. 설명에 따르자면 결핵 환자는 무기력한 데다 탈진 상태에 빠져 있어 마지막 순간에 몸 움직임이 많지 않아 저울에 미치는 영향 또한 최소화되기 때문이었다. 사람들이 죽어 가는 순간에 대한 박사의 설명은 마치 한 편의 드라마를 보는 듯했다. 그는 이렇게 적었다.

"죽음과 동시에 갑자기 저울 한쪽 끝이 그 소리가 들릴 정도로 뚝 떨어졌는데…… 줄어든 무게는 1온스의 4분의 3인 걸로 확인됐다."

맥두걸은 뒤이어 묘한 실험을 하나 더 했는데 이번에는 15마리의 건강한 개를 이용한 실험이었다. 그가 어떻게 그 개를 가만히 있다 죽게 만들었는지는 불분명하다. 개들의 경우 죽은 이후 무게 변화가 없었으며 개에게도 영혼이 있다고 생각하긴 힘들 것 같다고 했다.

평가절하 된 실험 결과

맥두걸의 연구 논문은 1907년에 처음 발표됐고 뒤이어 〈뉴욕 타임스〉지가 논평 기사를 내보내기도 했는데 그 반응은 회의적이었다. 대부분의 과학자들은 맥두걸의 실험 샘플이 너무 적은데다 그가 제시한 자료도 진지하게 받아들이기엔 너무 허점이 많다고 생각했다. 특히 회의론자들은 체중 손실을 잰 시간이 제각각이라는 데 의문을 표했다. 영혼이 몸을 떠나는 속도가 다 다르단 말인가? 그런 의문에 대해 맥두걸은 기질이 느긋한 사람들의 영혼은 몸을 떠날 때도 느린 것 같다고 답했다. 결국 맥두걸의 실험은 대체로 평가절하 됐다. 그러나 그에 굴하지 않고 맥두걸은 한 걸음 더 나아가 당시 새로운 기계였던 X레이 촬영기로 죽어 가는 사람의 영혼

을 촬영하려는 시도도 했다.

그나저나 왜 21그램인가? 왠지 모호하게 들리는 '1온스의 4분의 3'보다는 21그램이 훨씬 더 인상적이기 때문이 아니었을까? 영화 제목으로도 '21그램'이 훨씬 더 낫고 말이다.

깃털보다 가벼운 영혼

맥두걸은 영혼의 무게를 잴 수 있다고 확신한 최초의 사람은 아니다. 고대 이집트인은 자칼 머리를 한 신 아누비스가 심장 속에 있는 인간의 영혼을 꺼내 저울에 올려 진리의 여신 마트의 깃털과 비교한다고 믿었다. 그래서 만일 깃털보다 더 무거울 경우 그 영혼은 고대 이집트인이 믿은 사후 세계인 '갈대밭'으로 보내지지 않고 대신 악어 머리를 한 신 암미트가 가로채 게걸스럽게 먹어 치운다는 것이다. 벽화나 파피루스 같은 데 그려진 걸 보면 암미트는 영혼을 집어먹기 쉽게 아예 저울 밑에서 기다리고 있다.

사람은 머리가 잘린 뒤 무슨 생각을 할까?

머리가 잘린 뒤에도 한동안 똑바로 서 있었다거나 심지어 뛰어다니기까지 했다는 닭 얘기를 들은 적이 있을 것이다. 사람의 경우는 어떨까? 만일 당신의 머리가 잘린다면 그 후 어느 정도라도 의식이 있을까?

머리는 잘렸는데 눈은 번쩍?!

아무도 죽었다가 살아나 머리가 잘린 뒤 어땠는지 얘기해준 사람이 없기 때문에 딱 잘라 뭐라고 답하기 힘든 질문이다. 역사적으로는 섬뜩하지만 믿을 수 없는 얘기가 있다. 프랑스혁명 당시 급진적인 정치인 장-폴 마라 Jean-Paul Marat를 암살한 샤를로트 코르데 Charlotte Corday는 사형집행인이 단두대에서 잘린 자신의 머리를 들고 얼굴을 때리자 얼굴을 붉히며 쏘아봤다고 한다. 1905년 무장 강도 혐의로 사형선고를 받은 앙리 랑기유 Henri Languille라는 남자의 참수형을 참관했던 프랑스 의사 가브리엘 호히유 Gabriel Beaurieux가 들려준 얘기도 충격적이다. 호히유가 랑기유의 이름을 부르자 그의 머리가 두 눈을 번쩍 뜨더니 자신을 바로 쳐다

봤다는 것이다. 그것도 한 번도 아니고 두 번이나 그랬다고 한다. 호히유는 이렇게 기록했다. "나를 쳐다본 건 의심할 여지없는 산 사람의 눈이었다." 세 번째 불렀을 때는 더 이상 반응이 없었다고 한다.

머리가 잘린 뒤 일어날 수 있는 일

이야기가 사실일 수 있을까? 사람의 머리가 몸에서 분리되면 잘린 목의 경동맥에서 피가 솟구쳐 나오면서 유혈이 낭자해지며 혈액순환이 멈춘다. 심장의 연결이 끊기는 그 순간부터 산소가 포함된 피가 더 이상 뇌로 가지 못하게 되지만 이미 머릿속에 있던 피는 몇 초간 산소를 머금고 있으므로 이론상 그 순간에는 의식이 있다.

늘 그렇듯 참수 연구에 관한 한 실험실 쥐들이 희생양이 되었다. (예민한 독자는 다음 글은 보고 싶지 않을 지도 모르겠다.) 2011년 네덜란드 라드바우드대학교 연구 팀은 한 실험에서 전선으로 쥐의 뇌와 뇌파 검사기를 연결한 뒤 뇌파 측정을 통해 쥐의 뇌 속에서 일어나는 전기적 움직임을 관찰하다 쥐의 머리를 잘랐다. 그러자 죽은 뒤 4초까지도 의식 내지 의식적인 생각을 보여주는 뇌파가 관찰됐다. 그리 길지는 않지만 충분히 관찰 가능한 시간이다.

머리가 잘린 어느 닭 이야기

머리가 잘린 닭 '기적의 마이크Miracle Mike'는 1945년 미국 콜로라도주의 한 농장 안마당에서 머리가 잘린 뒤 무려 18개월을 더 살았다. 머리가 잘린 뒤 닭의 몸은 마당 안을 뛰어다녔다. 주인인 로이드 올슨Lloyd Olsen은 마이크의 몸을 밤새 한 상자에 넣어 두었는데 다음 날 아침에 깜짝 놀라지 않을 수 없었다. 올슨의 증손자인 트로이 워터스Troy Waters는 그때 일을 회상하며 이렇게 말했다. "세상에! 아직 살아 있었어요!" 마이크의 몸은 유타대학교에서 검사 받았는데 머리가 잘린 닭치고는 아주 건강하다는 판정을 받았다. 트로이는 눈에 안약을 넣을 때 쓰는 점안기로 매일 마이크의 식도 안으로 직접 먹이를 넣어 주었다. 머리가 잘린 마이크는 순회공연에 전시되면서 주인에게 돈을 벌어주었다. 마이크는 1947년 애리조나주 피닉스의 한 모텔 방 안에서 마침내 질식사했다.

인간의 시신을 보존하는
가장 좋은 방법은 무엇일까?

인간의 시신을 보존하는 가장 좋은 방법은 그 시신을 어떤 용도로 사용할 것인지에 따라 달라진다. 사후 세계에 대한 종교적 믿음 때문에 좋은 형태로 유지하고 싶은 건가? 아니면 인류가 죽음을 퇴치하는 법을 알아냈을 때 되살아날 가능성을 높이고 싶은 건가?

잘 보존된 시신

시신을 미라로 만드는 것은 수천 년을 이어온 관행으로 특히 고대 이집트에서 성행했다. 만일 외관을 잘 보존한 상태로 사후 세계에 가고 싶다면 좋은 선택일 수 있지만 가장 높은 수준의 보존을 하려면 내장을 전부 제거해야 한다. 내장을 제거한 뒤에는 개선 작업이 이루어진다. 시신을 와인으로 깨끗이 씻어 향신료로 향을 낸 뒤 두툼한 소금층 안에 눕혀 건조시키는 것이다.

장기를 그대로 두려면 토탄 늪(탄화 정도가 가장 낮은 석탄) 안에서 자연스럽게 미라가 되는 게 최선의 방법이다. 1950년 덴마크에서 발견된 '툴룬트 인간'은 워낙 보존 상태가 좋아 그 시신(2,000년 전쯤에 매장)을 처음 발견한 채굴자들은 최근에 매장된 시신인 줄 알았다. 고대 이집트의 건조된 미라와는 달리 토탄 시신은 산소가 거의 없는 극단적인 산성 환경 속에서 보존되어 피부와 뼈는 물론 연조직까지 훨씬 더 원래의 모습에 가까웠다.

아직 멀쩡한 레닌의 시신

방부 처리된 인물의 대표는 아마 블라디미르 레닌Vladimir Lenin일 것이다. 러시아 지도자인 레닌의 시신은 사후 90년이 훨씬 넘었는데도 아직 멀쩡해 보인다. (사실 레닌의 시신은 매년 새로 방부 처리하고 화장을 하는 등 끊임없이 관리하고 있다.) 레닌의 시신은 공개 전시를 앞두고 오랜 시간 포름알데히드, 글리세린, 수소 같은 화학물질로 깨끗이 씻긴다. 인조 머리카락과 속눈썹이 추가되는 등 일부 인체 부위는 은밀히 교체됐다. 레닌의 시신을 공개할 때는 얇은 고무 '코트' 위에 옷을 입혀 화학물질이 피부에 더 잘 닿게 만든다.

섭씨 영하 195도 냉동 보존

미래에 되살리겠다는 희망으로 죽은 사람을 냉동시킨다. 디즈니 영화에 나오는 내용이 아니라 저온물리학의 쾌거다. 사람이 죽자마자 얼음 튜브 안에 집어넣어 최대한 빨리 체온을 떨어뜨린다. 그런 다음 피를 다 뽑아내고 부동액을 채워 넣은 뒤 2주일 동안 냉동시켜 마법의 온도인 섭씨 영하 195도까지 떨어뜨린다. 이후 시신을 액화 질소 안에 집어넣고 과학이 발달해 죽은 사람을 되살리거나 복제할 수 있을 때까지 기다린다.

과하게 달콤한 죽음

꿀 시신 보존법만큼 기이한 시신 보존법도 없을 것이다. 이 보존법은 16세기 중국 본초학자 이시진이 광범위한 의학 자료를 수집해 엮은 의학서 『본초강목本草綱目』에 기록되어 있다. 책의 많은 치료법 중 골절 치료법이 나온다. 환자가 꿀에 절인 시신의 작은 조각을 먹는 것으로 일종의 인육 마롱글라세(밤을 설탕에 절인 과자)라 할 수 있다. 기록에 따르면 꿀 시신 보존법은 그 과정이 엄청나게 길어 대개 나이 든 성자가 아직 살아 있을 때 꿀만 먹게 하는 걸로 시작된다. 성자가 죽으면(그렇게 단것을 많이 먹었으니 당뇨병으로 죽었을 수도 있다) 그 시신을 꿀이 가득 든 거대한 항아리 속에 담가 100년을 놔둔다. 그런 뒤 그 시신을 꺼내 작은 조각으로 자르면 아주 비싼 약제가 된다.

죽음은 모든 생명체의 숙명일까?

60년에 10년을 더한 정도가 인간에게 할당된 성서상의 수명이다. 다른 많은 친숙한 동물과 식물 또한 매우 한정된 삶을 산다. 그러나 좀 더 시야를 넓혀 보면 이런 법칙에 얽매이지 않는 듯한 생명체를 찾을 수 있다.

거의 무기한 생존할 수 있는

영어 이름이 타디그레이드tardigrade인 완보동물은 습한 서식지에 사는 작은 동물로 이름은 만화 속 캐릭터 같고 현미경 밑에 놓고 보면(1,000여 종에 달하는 완보동물 중 1mm 이상 크는 종은 거의 없어 자세히 보고 싶다면 현미경으로 봐야 한다) 생긴 것도 비디오게임 포켓몬 속 등장인물 같다. 완보동물은 귀여운 겉모습만 보고 (단단한 몸, 찌그러진 얼굴, 발톱 달린 발이 달린 8개의 다리 등 때문에 '물곰waterbear' 또는 '이끼 새끼돼지moss piglet'라고도 부른다) 과소평가하기 쉬우나 실은 세상에서 가장 강인한 생명체 중 하나다. 좋아하는 환경은 습한 곳이지만(많은 종이 강이나 호수 밑바닥 침전물 안에서 서식한다) 테스트 결과 온갖 형태의 서식지와 상황에서도 살아남는다. (완보동물은 심지어 우주여행에서도 살아남았다.) 이 생명체는 자가 건조 능력이 있어 갑작스럽 게 신진대사를 중단한 채 거의 죽은 듯한 잠복 상태가 될 수 있고 주변 환경이 좋아질 때까지 거의 무기한 생존할 수 있다.

불멸의 해파리

작은보호탑해파리Turritopsis dohrnii는 '불멸의 해파리'로 불리는 또 다른 기이한 생명체로 늙기도 하지만 젊어지기도 한다. 인간의 경우 번식은 궁극적으로 죽음으로 가는 과정이지만 불멸의 해파리는 번식을 통해 자기 이름값처럼 어린 해파리인 폴립 상태로 되돌아간다. 다시 자라고 번식을 하는 사이클을 반복한다. 그야말로 마르고 닳도록 말이다.

바이러스는 어떤가?

바이러스를 죽지 않는 생명체 명단에 넣는다는 건 조금 불공정할 수도 있다. 무엇보다 바이러스가 살아 있는 생명체냐 아니냐를 둘러싸고 과학자들 사이에서 오랫동안 논란이 되고 있기 때문이다. 어떤 과학자들은 바이러스를 단순한 화학물질 덩어리로 보지만 바이러스가 세포를 공격해 활동을 개시하는 순간 얘기가 달라진다. 공격당한 세포(바이러스의 집이 되어버린 순간부터 숙주라고 부른다)는 바이러스에 완전히 점거당하고 그 과정에서 바이러스는 세포로 하여금 자신의 DNA 또는 RNA를 복제해 더 많은 바이러스를 만들게 한다. 단순한 화학물질이라 하기에는 너무 똑똑한 행동 아닌가!

70년째 살아 있는 암세포

다세포생물로 생존하는 것도 일이지만 세포 입장에서 보는 삶은 어떨까? 2010년도 베스트셀러인 『헨리에타 랙스의 불멸의 삶The Immortal Life of Henrietta Lacks』은 1951년에 자궁경부암으로 죽은 랙스가 남긴 경이로운 유산을 다룬 책이다. 그녀가 존스홉킨스병원에 입원해 방사선치료를 받을 때 그녀도 모르는 새에 의사들이 암 종양에서 암 세포를 떼어 냈으며 그 세포는 이후 실험실 연구에 쓰였다. 조지 오토 게이George Otto Gey라는 한 연구원이 랙스의 세포가 워낙 생명력이 강해 다른 어떤 세포 샘플보다 오래갔고 그는 그 세포를 배양하여 랙스의 이름을 따 HeLa 종이란 이름을 붙였다. HeLa 종은 랙스가 죽은 지 거의 70년이 지난 지금도 아주 생명력이 강해 세계 곳곳의 연구실에서 사용되는, 그야말로 불멸의 존재가 되었다.

"완보동물은 자가 건조 능력이 있어 갑작스럽게 신진대사를 중단한 채 거의 죽은 듯한 잠복 상태가 될 수 있고 주변 환경이 좋아질 때까지 거의 무한정 생존할 수 있다."

인간의 시신은 좋은 퇴비가 될 수 있을까?

죽고 난 뒤의 당신 몸에 대해 생각해 본 적 있는가? 전통적인 매장 방식을 택하든 화장 방식을 택하든 인간의 시신은 환경문제를 일으키며 죽고 난 뒤에도 오랫동안 환경에 독으로 남는다.

태울 것인가 묻을 것인가?

만일 전통적인 매장 방식을 택한다면 당신은 매년 관 형태로 땅속에 들어가는 엄청난 양의 목재와 금속, 매장에 동원되는 많은 인력, 관이 썩을 때 환경에 해를 끼치지만 매장 전 시신 부패 방지를 위해 쓰이는 수백만 리터의 방부제(대개 포름알데히드, 메탄올, 기타 용액의 혼합)에 일조하는 셈이다. 화장은 어떨까? 이건 좀 더 친환경적인 방법일까? 단언컨대 그렇지 않다. 시신은 아주 고온에서 타는데 245킬로그램 정도의 이산화탄소가 대기로 방출되며 남은 재는 영양가가 전혀 없어 퇴비로써의 가치도 없다. 이후 재를 뿌리는 건 그저 상징적인 행동일 뿐이다.

친환경적인 죽음

매장과 화장 외에 어떤 방식이 지구환경을 위해 좋은 방식일까? 친환경 매장의 경우 방부제 용액(대부분의 친환경 묘지에서는 이런 용액의 사용을 금지한다)을 쓰지 않으며 관도 두꺼운 종이, 대나무, 바나나 잎, 버드나무 같은 물질로 만들어진 친환경 관을 써 전통적인 목재 관보다 훨씬 빨리 썩는다. 대부분의 친환경 묘지는 비통해하는 가족에게 묘비 대신 나무나 꽃을 심을 수 있는 기회를 제공한다. 이는 언제든지 방문해 고인을 추억할 수 있는 평화롭고도 수목이 우거진 장소를 만들기 위함이다. 어린 나무의 뿌리 밑에 바로

심는 계란 모양의 친환경 관도 개발되고 있는
데 뿌리와 관이 자연스럽게 합쳐지고 시신은
바로 그 나무를 위한 퇴비 역할을 한다.

흙에서 온 것은 흙으로

인간의 시신에는 좋은 게 가득 들어 있으니
현재 이용 중인 가장 친환경적인 매장 방식보
다 훨씬 더 직접적으로 퇴비로 쓰는 방식을
주장하는 운동도 있다. 워싱턴주의 선구적인
조그만 단체 '리콤포즈Recompose'는 인간의
시신을 재활용 관 안에 넣고 빠른 속도의 전
통적인 퇴비화 방법을 이용해 그 시신을 흙으
로 바꾸는 방법을 개발 중이다. 이 단체에 따
르면 환경에 해로운 물질을 전혀 사용하지 않
고도 30일 이내에 시신을 흙으로 변화시킬 수
있으며 현재 테스트 프로그램을 계획 중이라
고 한다. '인간 퇴비'는 친환경적인 장례의 미
래가 될 듯하다.

시신을 묻거나 태우고 싶지 않다면 시신을 녹여버
리는 알칼리 가수분해라는 현대적인 대안도 있다.
매우 새로운 방식으로 현재 캐나다의 일부 지역과
미국의 여러 주에서 합법화되어 있다. 일종의 세탁
기를 돌리는 과정이라고 보면 된다. 먼저 시신을
커다란 압력 탱크 안에 넣은 뒤 수산화칼륨과 물
을 섞은 고알칼리성 용액을 채워 넣고 섭씨 300도
로 가열하여 오랜 시간 세탁과 비슷한 과정을 거
친다. 4시간 정도 걸린다. 마지막으로 시신을 헹구
고 씻은 뒤 뼈를 분리해 낸다. 살과 근육 같은 결합
조직이 용액 속에서 완전히 녹아버리는 것이다.

DNA가 '퇴화한다'는 말은 무슨 뜻일까?

오늘날 많은 과학자들이 '잘 보존된 공룡 DNA에서 새로운 공룡을 만들어낼 수 있을까?' 하는 의문에 매달리고 있다. 아마 1993년 영화 〈쥬라기 공원Jurassic Park〉이 공전의 히트를 한 이후의 일이다.

망가진 DNA로 공룡을?

호박 속에서 잘 보존된 곤충으로부터 공룡의 피를 뽑아낸다는 아이디어는 과장된 것처럼 보이겠지만 사실 〈쥬라기 공원〉이 나온 1990년대에 행해진 일련의 실험과 결과에서 나온 아이디어였다. 당시 1억 2,000만 년이나 된 DNA를 추출해냈다고 주장하는 과학자가 있었는데 곧 그 주장은 사실이 아니라는 게 밝혀진다. DNA 분자는 적어도 화학적인 관점에서 보면 크고 단순하지만 많은 연결 구조로 되어 있어 분자가 노화되면 그 연결 구조도 망가지게 된다. 연결 구조가 망가져버리면 DNA는 사실상 무용지물이 된다. 멸종된 종의 복원이라는 '새로운 과학'에 대한 책을 쓴 헬렌 필처Helen Pilcher는 이렇게 멋진 말을 했다. "멸종된 종을 복원한다는 건 단 몇 조각의 레고와 박스에 있는 그림만 가지고 5,195조각의 레고로 된 '스타워즈 밀레니엄 팔콘'을 조립하는 것과 같다." 살아 있는 생명체가 죽으면 바로 DNA도 손상된다. 주변 다른 유기물에서 나오는 효소가 영향을 끼치고 산소와 물과 햇빛도 DNA

구조의 핵인 사다리 구조를 손상시키고 망가뜨리는 것이다.

오래되어도 유용한 DNA

과학자들은 DNA가 얼마나 오래 살 수 있다고 믿을까? 2012년 호주에서는 거대한 멸종 조류 모아의 뼈로부터 추출한 DNA에 대한 연구가 행해졌는데 그 결과 모아의 DNA는 '반감기'가 521년이었다. (521년이 지나도 연결 구조의 반은 여전히 온전하다는 뜻이다.) 비교적 복잡한 수학인데 이는 곧 DNA의 나머지 절반이 퇴화하려면 521년이 더 지나야 하고 그 나머지 절반이 퇴화하려면 또다시 521년이 지나야 하는 식이어서 전체 DNA가 완전히 파괴되는 데 꼬박 680만 년이 걸린다는 계산이 나왔다. 만일 이 계산이 맞다는 게 입증되면 주변의 DNA 샘플 중 100만 년 된 DNA가 발견되지 말란 법도 없다는 뜻이다.

DNA의 문제

원래 한 개인의 DNA라는 독특한 '지문'은 범죄 혐의를 입증해줄 묘책이 될 거라고 생각됐었다. 그러나 DNA 감식법에 의해 처음 해결된 범죄는 한참 시간이 지난 1987년에 일어난 영국 10대 소녀 돈 애슈워스Dawn Ashworth 살인 사건이었다. 이후 상황이 더 복잡해졌다. DNA 감식법이 정교해질수록 소량의 DNA로 범죄를 입증하는 게 한층 더 어려워졌다. 예를 들면 세탁기로 세탁하는 과정에서 한 옷의 DNA가 다른 옷으로 옮아가는 게 가능하다는 사실이 밝혀졌는데, 이는 아마추어 범죄자도 DNA를 파괴하기 위해 능히 생각해낼 법한 방법이다. 이제는 아주 소량의 DNA도 제대로 구분해낼 수 있으며 신뢰도도 더 높아져 따로 보관할 수도 있고 적은 비용에 넘겨받을 수도 있다. 어쨌든 앞으로 DNA 증거는 점점 더 다루는 게 복잡해질 것 같다.

사람의 몸은 동시에 다 죽을까?

죽음은 순식간에 일어나는 일이라고 생각하는 게 마음 편하겠지만 실제 살아 있는 상태에서 죽은 상태로 바뀌는 데는 시간이 좀 걸린다. 심장박동이 멈추면 산소가 포함된 피의 순환도 멈추고 혈액순환에 의존하던 세포가 먼저 죽는다.

안과 밖 세포의 수명 차이

오장육부의 세포는 빨리 죽지만(이식수술을 할 때 신장이나 간은 사후 30분 이내에 적출해야 한다) 피부 세포는 훨씬 더 오래 산다. 그래서 신장 기증자가 아닌 피부 기증자의 경우 의사들은 기

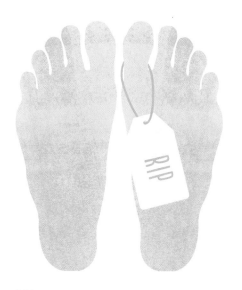

증을 받는 데 12시간까지도 여유가 있다.

터널 끝의 환한 빛

죽었다가 되살아났다는 사람들이 죽음에 다가가는 순간 봤다고 얘기하는 밝은 빛은 무엇일까? 이는 과학적으로 설명이 가능할 것 같다. 사람의 뇌는 마지막으로 죽는 인체 부위 중 하나인데 산소가 떨어져 의식을 잃기 전에 일어나는 한 가지 부작용이 바로 '터널 시야' 증상이다. 의식이 사라지면서 동시에 갑작스런 뇌 정지가 일어나 터널 시야 증상이 나타나는데 이때 마치 터널 안에서 밝은 빛을 향해 나아가는 듯한 느낌이 든다.

시신에서 나는 악취의 비밀

시신이 부패할 때 나는 지독한 악취는 각종 화학물질이 결합된 것으로 그 화학물질의 대부분은 시신에 몰려드는 세균의 부산물이다. 가장 악취가 심한 화학물질은 푸트레신과 카다베린으로 둘 다 사후에 몸속의 아미노산이 분해되면서 자연스레 생겨난다. 한 연구실 연구원은 좀비가 인간을 공격할 때 이 두 화학물질을 분사하면 '죽은 몸'으로 간주돼 목숨을 건질 수 있을 것이라고 했다.

자판기가 상어보다 더 위험하다고?

자판기와 상어의 위험성을 비교한 이 말은 몇 년 전 보스턴 뉴잉글랜드 아쿠아리움의 상어-가오리 수족관 방문객을 위한 한 논평에서 언급되어 인터넷을 뜨겁게 달구었던 말이다. 그리고 이는 통계 자료에 따르면 실제로 맞는 말이기도 하다.

일상 속의 위험

상어는 2년에 한 명을 죽음으로 몰아넣지만(상어 공격으로 인한 전 세계의 사망자 수도 연간 평균 4~6명밖에 안 된다) 자판기는 매년 평균 2명의 미국인을 죽음으로 몰아넣는다.

자판기는 먼저 공격하진 않는다. 그건 맞는 말이다. 그러나 무게가 평균 약 408킬로그램이나 되고 언제든 넘어질 수 있다. 사람이 죽는 경우는 몇 안 되지만 그런 일은 대개 이런 식으로 발생한다. 뭔가를 먹으려고 자판기에 돈을 넣었는데 나오지 않는다. 화가 나 자판기를 마구 밀고 당기는데 자판기가 앞으로 넘어진

다. 그러나 상어한테 물려 죽으려면 바닷가를 찾아가야 할 뿐 아니라 실제 바다에서 수영도 해야 한다. 사실 자판기와 상어의 위험성은 비교 자체가 힘든 것이다.

뜻밖의 죽음

미국 조지아주 애틀랜타에 있는 질병통제예방센터에서는 미국에서 일어나는 각종 죽음의 원인을 기록하고 있다. 자판기 사고로 인한 죽음 외에 놀랄 만한 다른 죽음의 원인에 대한 통계 수치를 기록 중이다. 기록에 따르면 1999년부터 2014년 사이에 1,413명(연간 평균 94명 이상)이 나무에서 떨어져 죽었고, 전동 잔디 깎는 기계로 인한 사망자 수는 951명(연간 평균 63명 이상)이었다. 그러니 잔디 깎는 기계와 나무에 오르는 습관은 물론 자판기 이용도 조심하라. 3가지 모두 상어보다 훨씬 더 위험하다!

머리카락은 사람이 죽은 뒤에도 계속 자랄까?

많은 유령 이야기, 특히 M. R. 제임스M. R. James의 아주 오싹한 소설 『포인터 씨의 일기 The Diary of Mr. Poynter』에도 죽은 사람의 머리카락 얘기가 나오는데 이 소설은 '머리카락으로 꽉 찬' 관 얘기로 결론을 맺는다. (스포일러가 될 수 있어 이 정도만 얘기한다.) 죽은 뒤에도 머리카락은 계속 자란다는 얘기가 많은데 사실일까? 만약 사실이라면 머리카락은 죽은 뒤 얼마나 오래 더 자랄까?

본질에 집중하라

사람 머리에서(그리고 턱수염과 짧은 구레나룻이 있다면 턱과 뺨에서) 나온 머리카락은 이미 죽은 상태고 머리카락과 털에서 자라는 유일한 부위는 모낭 밑부분이다. 머리카락이 뿌리를 내리고 있는 두피 속 모낭에는 성장을 가능케 해주는 많은 단백질 세포가 들어 있다. 이 세포는 포도당을 태워 몸에서 끌어내는 에너지의 힘으로 활동을 한다. 포도당을 공급하는 것은 몸 전체를 순환하는 산소가 포함된 피다. 따라서 심장이 멈춰 혈액순환이 중단되면 머리카락과 털은 심장박동이 멈추고 혈액순환이 멈출 때까지의 잠깐 동안만 자라게 된다.

손톱과 발톱은 어떨까?

머리카락과 마찬가지로 손톱과 발톱 역시 사람이 죽은 뒤에도 계속 자란다는 얘기를 종종 한다. 사실이 아니다. 머리카락과 마찬가지로 손톱, 발톱 또한 자라려면 산소가 포함된 피가 공급되어야 한다. 죽은 뒤 피부가 건조해지면서 각피가 손톱, 발톱 바닥으로부터 쪼그라들게 된다. 그래서 몸의 나머지 부위가 완전히 죽은 뒤에도 손톱, 발톱만 계속 자라는 걸로 착각할 수 있다.

SPEED
QUIZ

죽음과 그 후

DEATH AND AFTER

죽은 뒤에는 더 이상 의식하지 못하겠지만 사람의 몸에는 계속 많은 일이 일어난다.
퀴즈를 풀면서 사후의 일에 대한 지식을 테스트해 보라.

Questions

1. 인간의 영혼을 저울에 올려 그 무게를 재는 고대 이집트의 신은 누구인가?

2. 당신의 시신을 꿀 시신 보존법대로 보존하면 어떻게 되는가?

3. 일반적인 화장 과정에서 얼마나 많은 이산화탄소가 배출되는가?

4. 페티딘, 푸트레신, 카다베린 이 중 둘은 진짜고 하나는 가짜다. 가짜는 무엇이고 나
   머지 둘은 무엇을 뜻하는 말인가?

5. 헨리에타 랙스는 왜 전 세계 실험실에서 기억되고 있는가?

6. 완보동물이라는 아주 조그만 동물을 가리키는 다른 2가지 이름은 무엇인가?

7. '기적의 마이크'로 알려졌던 닭이 아주 기이했던 점은 무엇인가?

8. 현재 DNA는 얼마나 오래 살 수 있는 걸로 추산되는가?

9. 기증된 간은 기증자가 죽은 뒤 얼마나 빨리 적출되어야 하는가?

10. 매년 전 세계에서 10명이 상어의 공격으로 죽는다. 맞을까 틀릴까?

Answers

정답은 214페이지에서 확인하세요.

Speed Quiz Answers

탄생과 그 전(27페이지)

1. 머리끝부터 엉덩이까지의 길이

2. 아기는 성인보다 뼈가 94개 더 많다

3. 그렇다

4. 틀리다. 인간의 난자는 정자보다 크기가 16배 정도 더 크다

5. 아주 좁은 관으로 새끼를 낳아야 하기 때문이다

6. 틀리다. 릴랙신은 분만을 앞두고 근육과 인대를 풀어주는 호르몬이다

7. 아폴론

8. 이 배지를 달면 사람들은 줄을 설 때 양보하고 지하철 좌석도 내주어야 한다

9. 막 태어난 아기가 처음 장을 움직여 제거하는 것으로 죽은 세포, 털, 끈적한 점액으로 이루어져 있다

10. 9월생. 아주 조금 유리하다

놀라운 기록(47페이지)

1. 틀리다. 총알은 시속 2,735킬로미터 가까운 속도로 날지만 가장 빠른 재채기도 시속 164킬로미터 정도였다

2. 그렇다

3. 뇌

4. 간

5. 사람의 피부에서 떨어져 나온 죽은 세포가 집 먼지의 상당 부분을 차지하는데 그 세포

속에 있는 스쿠알렌이란 기름이 대기오염 물질인 오존을 흡수하기 때문에

6. 많은 포유동물, 특히 개의 코 바로 안쪽 구멍을 통해 입과 연결되는 또 다른 감각기관

7. 더 커진다

8. 신경계

9. 거미류

10. 워낙 열심히 일하기 때문에

역사와 인체(67페이지)

1. b) 키가 작은 사람

2. 데니소바인

3. 맞다. 늑대는 익숙한 사냥감을 더 좋아한다

4. 단추로 만드는 데 썼다고 한다

5. 침팬지와 쥐

6. 샤를 6세

7. 우타르프라데시주

8. 틀리다. 제임스 1세는 1604년에 '담배 반대령'을 선포했다

9. 절대 좋지 않다

10. 인간이 물에서 살았다는 걸 뒷받침해주는 화석 기록이 없다

패션과 인체(85페이지)

1. 당시 일본 귀족 여성은 수 세기 동안 치아를 검게 물들이는 게 유행이었다

2. 눈의 흰자위에 해당하는 공막에 색을 입히는 것

3. 말을 탈 때 발이 발걸이에서 미끄러지는 걸 막는 데 도움이 됐기 때문

4. 황금 연꽃 발

5. 드레스나 벽지

6. 맞다. 알렉산더 대왕은 수염이 치열한 전투 중에 적군 손아귀에 잡히기 쉽다고 생각했다

7. 피에르–조셉 드소

8. 이물질이 예민한 눈에 들어가지 않게 해주고 안구 주변의 공기 흐름을 제어한다

9. 틀리다. 고대 이집트인은 주로 구리 면도칼로 면도를 했다

10. 높이가 5센티미터쯤 되는 비스듬한 쿠바식 힐

몸속의 사건(103페이지)

1. 저나트륨혈증

2. 3분의 2

3. 이산화탄소, 황화수소, 메탄

4. 오이

5. 자멸

6. 900~1,800그램

7. 틀리다. 피보다는 폐가 더 많은 물을 함유하고 있다

8. b) 소장 안쪽 벽에 나 있는 울퉁불퉁한 주름

9. 장내 생겨나는 온갖 종류의 미생물을 의학적으로 활용할 방법을 찾는 학문

10. b) 하루 내에서 정해진 시간 안에만 먹는 것

예기치 못한 일들(123페이지)

1. 마리 앙투아네트

2. 흡혈박쥐의 침 속에

3. 디킨스와 고골

4. 아일랜드

5. 넬슨 제독

6. 우주의 진공상태로 인해 액체의 끓는점이 체온 밑으로 내려가기 때문이다

7. 콩고민주공화국의 키푸카

8. b) 유스트레스

9. 틀리다. 척골신경이 팔꿈치를 타고 내려가는 위치다

10. 공감각

당신의 머릿속(145페이지)

1. b) 엄청난 기억력을 갖고 있는 것이다

2. 『원더 우먼』을 썼다

3. 도파민

4. 선천성 무통각증

5. 당신의 뇌는 눈꺼풀이 내려올 때 보이는 것을 사진 찍어두었다가 눈을 뜰 때 기록해 둔 그림을 연결해 짧은 간극을 자연스레 메워 준다

6. 틀리다. 아주 찬 음식이나 음료수를 빨리 먹을 때 생기는 이른바 '아이스크림 두통'의 전문용어다

7. 그렇다. 매년 교육 수준이 올라가면 알츠하이머병에 걸릴 가능성이 줄어든다는 연구 결과가 있다.

8. 타고난 방향감각을 잘 활용할 수 있게 된다

9. 맞다. 연관통의 경우, 간 문제가 있을 때 목 통증으로 나타날 수 있다

10. 꿈을 꾸고 있다는 의미다

원인과 결과(165페이지)

1. 틀리다. 기저 눈물, 반사 눈물, 감정적 눈물 이렇게 3종류의 눈물을 만들어낸다

2. 아니다

3. 3~4일

4. 스태빌로모프

5. 틀리다. 디저리두 연주에 필요한 호흡법을 배우는 게 코골이 문제 해결에 도움이 된다고 한다

6. 눈 색깔을 결정하는 색소인 멜라닌을 아직 완전히 갖추지 못했기 때문에

7. 기도에 축적된 지방이 폐로 들어가고 나가는 공기 흐름을 일부 방해해 호흡 시 불규칙하고 시끄러운 코골이를 하게 된다

8. 아니다. 오일, 점액, 일종의 천연 항생물질인 라이소자임도 포함되어 있다

9. 소마토네시스. 다른 두 용어는 모두 간지러운 느낌의 종류를 가리킨다

10. 외과의사가 집중하는 데 도움이 되기 때문에

질병과 건강(189페이지)

1. 틀리다. 해파리 침은 그냥 바닷물에 씻는 게 가장 좋다

2. 무언가가 당신 몸에 해를 끼치고 있다는 걸 알려주는 경보 역할을 한다

3. 1976년

4. 뇌에 대한 압력을 완화시키기 위해 두개골에 구멍을 내는 수술

5. 에티오피아

6. 스크린에서 파란빛이 나오며 그것이 수면 호르몬인 멜라토닌의 생산을 방해하기 때문

7. 흑사병

8. 환자의 개인적인 DNA 프로필을 사용해 맞춤 치료를 하기 위한 학문

9. 유기농 식품의 장점은 아직 입증되지 않았지만 현지에서 생산되는 식품은 이동 거리가 짧아 환경에 부담을 주지 않고 더 신선할 가능성이 높다

10. 아크릴아미드는 탄수화물 음식을 고온에서 굽거나 튀길 때 자연스레 생겨나는 화학물
    질이다

죽음과 그 후(207페이지)

1. 자칼 머리를 한 신 아누비스

2. 꿀 속에 집어넣어 보존될 것이다

3. 약 245킬로그램

4. 페티딘이 가짜이다. 푸트레신과 카다베린은 시신 속의 아미노산이 분해되면서 만들어지
   는 악취가 심한 화학물질

5. 랙스의 암세포가 유난히 오래 살아남았기 때문에

6. 물곰과 이끼 새끼돼지

7. 머리가 잘린 뒤에도 18개월을 더 살았다

8. 680만 년

9. 30분 이내

10. 틀리다. 매년 전 세계에서는 상어의 공격으로 4~6명이 죽는다

있어빌리티

교양수업 ____ 신비로운 인체

초판 1쇄 발행 2020년 6월 26일
지은이 소피 콜린스   옮긴이 엄성수   펴낸이 김영범

펴낸곳 (주)북새통 · 토트출판사
주소 서울시 마포구 월드컵로36길 18 삼라마이다스 902호 (우)03938
대표전화 02-338-0117 팩스 02-338-7160
출판등록 2009년 3월 19일 제 315-2009-000018호 이메일 thothbook@naver.com

© 소피 콜린스, 2019
ISBN 979-11-87444-53-4 04400
ISBN 979-11-87444-49-7 (세트)

잘못된 책은 구입한 서점에서 교환해 드립니다.